「役に立たない」科学が役に立つ

エイブラハム・フレクスナー×ロベルト・ダイクラーフ

初田哲男 監訳　野中香方子＋西村美佐子 訳

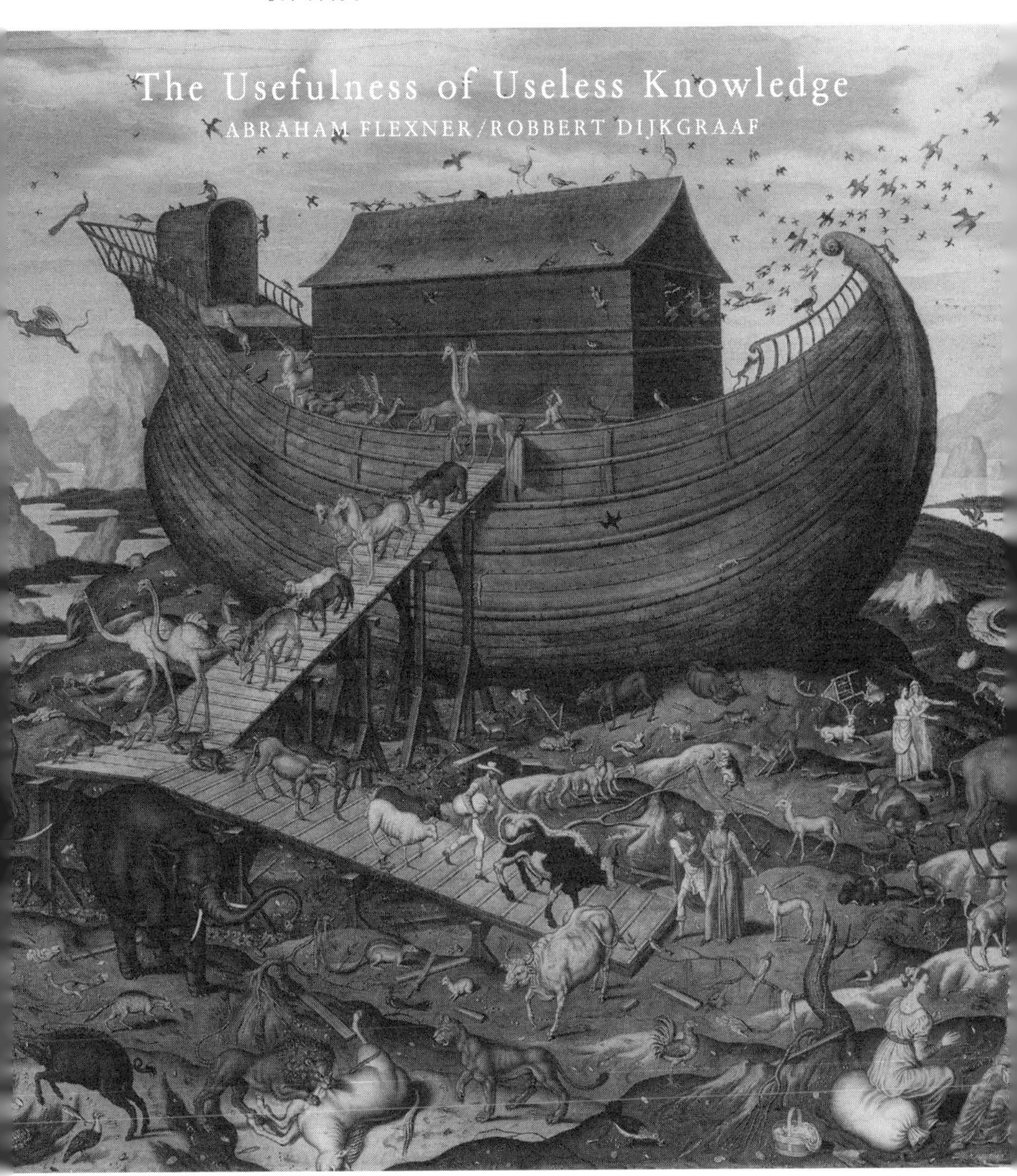

東京大学出版会

The Usefulness of Useless Knowledge
by Abraham Flexner
with a companion essay by Robbert Dijkgraaf

Japanese translation by Kyoko Nonaka and Misako Nishimura,
supervised by Tetsuo Hatsuda

University of Tokyo Press, 2020
ISBN 978-4-13-063375-8

日本語版刊行にあたって

The Usefulness of Useless Knowledge（原題）の翻訳が日本で出版されることとなり、原著者の一人として誠に喜びに堪えません。とりわけ私にとって喜ばしいことは、この日本語版の出版が、長い伝統をもつ名門の研究機関である理化学研究所の研究者の主導と企画によっておこなわれたことです。私自身かつて理化学研究所を訪れて研究講演をおこない、研究者と議論したことを懐かしく思い出します。

本書で説いているのは、基礎科学の重要性ですが、現代科学は一般の人々の理解と支援なしには発展し得ません。日本はこれまで、私が直接知る人も含め、多くの優れた科学者を輩出してきましたが、これはひとえに、日本においては基礎科学研究の重要性が一般に理解され、尊重されているからだと思います。本書の出版によって日本のみなさんの科学研究への理解と支援が一層深まり、その結果としてすでに多くの発見と発明で世界に寄与してきた日本から、引き続き素晴らしい科学研究が生まれ、優れた科学者が輩出され続けることになるのでしたら大変光栄なことだと思います。

ロベルト・ダイクラーフ

監訳者はじめに

本書は、二〇一七年にプリンストン大学出版局から刊行された *The Usefulness of Useless Knowledge* の翻訳です。原著は、プリンストン高等研究所の二人の所長、エイブラハム・フレクスナー（一八六六―一九五九）とロベルト・ダイクラーフ（一九六〇―）のエッセイで構成されています。エイブラハム・フレクスナーは一九三〇年にプリンストン高等研究所を設立し初代所長に就任しました。アインシュタインを始めとする著名な研究者をプリンストン高等研究所へ招聘した人物としても知られています。一方、ロベルト・ダイクラーフは、二〇一二年からプリンストン高等研究所の所長を務めている現役の数理物理学者です。

もともと「The Usefulness of Useless Knowledge」は、一九三九年一〇月にアメリカのもっとも古い月刊誌の一つである『ハーパーズ・マガジン』に掲載されたフレクスナーのエッセイのタイトルでした。そのなかでフレクスナーは、成果が見えやすい応用研究が過度に重視されることへの危惧を述べ、すぐには役に立ちそうにない基礎研究を、組織や慣例や雑務から解放されておこなえる場所としてプリンストン高等研究所を紹介しています。さらに、ダイクラーフのエッセイ「The World of Tomorrow」では、基礎研究によって生みだされた人類の知識が、長い時間をかけて社会を大きく変革してきたことが、豊富な実例とともに紹介されています。

近年、国内外の大学や研究機関には、「選択と集中」という考えが入りこんでくるようになりました。この「選択と集中」は、資金や人材を特定の分野に集中させることで業績をあげるという企業の経営戦略からきています。しかし、同じ論理を大学や研究機関に一律に当てはめることには問題があります。ダイクラーフがエッセイの中で指摘しているように、結果が予測可能な短期目標とリスクの大きい長期目標をバランスよく配置する政策が重要なのです。

学問の世界で大切なのは、研究者の「なぜ」「不思議だな」という好奇心です。それは、小さな子どもが身のまわりで起きることに、驚いたり感動したりするのと同じ感情です。ただ、研究者は、自らの好奇心をもとに想像力を膨らませ、さまざまな仮説を立て、それを実験、観測、調査で検証し、最終的には理論的に体系付けていきます。研究に対して「選択と集中」の論理を押し付ければ、好奇心や想像力から生まれる多様な発想の芽が摘みとられかねません。

産業界ではイノベーションという言葉がしばしば使われます。それは、既存の知識を予想外の方法で利用したり、複数の知識を組み合わせたりして誕生する技術革新のことを指しています。しかし、そのもとになる知識は長い年月をかけた基礎研究により培われるものです。五年、一〇年といった期間にだけ注目すると、基礎研究から生まれた知識は役に立たないかもしれません。しかし、一〇〇年、二〇〇年、一〇〇〇年の単位で考えると、基礎研究は確実に世の中の役に立ち、人々はその恩恵にあずかっています。スマートフォンを使って目的地まで道案内してもらえるのは、一〇〇年ほど前に量子力学や相対性理論が見いだされたからに他なりません。インターネットで安全に買い物ができるのは、古代の数学者が発見した素因数分解を現代的に活用した暗号があるからです。

日本語版においては、コラムと訳注に加えて、原著にあらわれる用語（★がついているもの）と人物（「本書に登場する研究者たち」）についての解説を加えていますので、参考にしてください。

本書で指摘されているように、「役に立つ」知識と「役に立たない」知識の間に明瞭な境界はありません。基礎研究は、「まだ応用されていない」知識を生み出す原動力でもあるのです。本書を通して、基礎研究がもたらす未来にも想いを馳せていただければと思います。

初田哲男

二〇二〇年六月

「役に立たない」科学が役に立つ　目次

The World of Tomorrow

Robbert Dijkgraaf

明日の世界

ロベルト・ダイクラーフ

第二次世界大戦の暗雲が迫りつつある一九三九年四月三〇日、ニューヨーク、クイーンズ区のフラッシング・メドウズ・パークで万国博覧会が開かれた。テーマは「明日の世界」。一年半の会期中に、四五〇〇万近い人々が、新たな技術が形づくる未来社会を垣間見た。展示物のいくつかは当時の人々にとって、まさに夢のようなものだった。とりわけ注目を集めたのは、自動食洗機、エアコン、ファックスである。フランクリン・ルーズベルト大統領の開会のスピーチは生中継され、そのときにアメリカ人は初めてテレビを経験した。ニュース映像には身長二メートル超のアルミ製ロボット、「機械人間エレクトロ」が登場し、ぎこちなく動きながら、七八回転のSPレコードを使って話したり、タバコを吸ったり、ロボット犬のスパルコと遊んだりした。そんな会場にあって、世界最大級の蒸気機関車が高速で走るといった従来型のアトラクションは、過去の世界の最後のあがきのように見えた。

博覧会の科学諮問委員会名誉会長であるアルベルト・アインシュタインは、公式の点灯式を監督し、テレビの生中継にも登場した。彼は大勢の聴衆を前にして、宇宙から地球に降り注ぐ高エネルギーの素粒子である宇宙線について語った。しかし、このイベントは後に、「失敗の喜劇」と呼ばれることになる。アインシュタインの話はほとんど理解できなかった。彼が話し始めてすぐ、拡声装置が故障したからだ。加えて、オープニングイベントとして予定されていた十本の宇宙線の検出は、大失敗に終わった。宇宙線の粒子は、電話回線でマンハッタンのヘイデン・プラネタリウムからクイーンズの博覧会会場に転送され、ベルの音と光がその到着を知らせた。しかし、十本目が検出された瞬間に、会場は停電になった。興ざめした観客は帰ってしまった。翌日の『ニューヨークタイムズ』は、「大衆は科学より拍手喝采できる見世物が好きだ」と報じた。

この博覧会には、まもなく世界を席巻することになる二つの発明は登場しなかった。それは、核エネルギーとコンピュータだ。驚くべきことにこの二つの技術はどちらも、アインシュタインが一九三三年から研究の拠点にしていたニュージャージー州のプリンストン高等研究所で生まれた。同研究所は、初代所長となるエイブラハム・フレクスナーの発案で設立された。目指したのは講義や管理業務のない「学者の天国」、すなわち、最高レベルの研究者が、日常の雑事や実務的な仕事から解放されて、思索に

Column

ニューヨーク万国博覧会

第二次世界大戦直前の一九三九年四月三〇日から始まった万国博覧会。「明日の世界の建設（Building The World of Tomorrow）」を統一テーマにして、一回目は同年一〇月三一日まで開催された。テーマに掲げられた「明日の世界」というのは、「民主主義の発展した豊かなアメリカ」という意味合いがこめられている。このテーマには、当時、ドイツ、イタリアで台頭していたファシズムや、共産主義のソビエト連邦への警戒感がこめられている。一九四〇年五月一一日〜一〇月二七日に二回目が開かれている。

各国や企業が展示館を開設する中、日本からも出展、神社の社殿風の日本館を特設した。

「機械人間エレクトロ」

没頭できる環境である。それは「役に立たない知識を誰にも邪魔されずに探究する」というフレクスナーの構想を実現したものであり、仮にそのような知識が何かの役に立つとしても、それは数十年先のことだろうと、フレクスナーらは考えていた。

しかし、予想より早く、それが役に立つ時代が訪れた。学者の天国をつくったフレクスナーは、思いがけず、核とデジタルの革命を導いたのだ。彼が最初に同研究所に迎え入れた学者の一人であるアインシュタインは、万国博覧会でスピーチした後の一九三九年八月、ルーズベルト大統領に送った有名な手紙で、原子爆弾の開発を促した。九月一日には、ニールス・ボーアとジョン・ホイーラーによる核分裂メカニズムに関する画期的論文が『フィジカル・レビュー』誌[★1]に掲載され、同日、第二次世界大戦が幕を開けた。

フレクスナーが初期に迎え入れたもう一人の学者は、ハンガリーの数学者ジョン・フォン・ノイマンだ。彼は、宇宙人かと思うほどの天才で、アインシュタインを凌ぐほど優秀だった。フォン・ノイマンはハンガリー出身の影響力ある科学者と数学者のグループ「火星人たち」(コラム参照)の一人で、そのメンバーには、エドワード・テラー、ユージン・ウィグナー、レオ・シラードもいた。シラードはアインシュタインがルーズベルト大統領に宛てた手紙の草案を書いた物理学者だ。このようにハンガリー生まれの優秀な科学者が多かったため、物理学者のあいだで次のようなジョークが流布した。

エンリコ・フェルミが「宇宙には無数の星があり、その中には生命が誕生してもおかしくない星も相当数あるはずなのに、いまだに優秀な宇宙人が地球にやってこないのは不思議だ」と言うと、シラードはいたずらっぽくこう答えた。「宇宙人はもう来ているよ。だが、彼らは、自分たちのことをハンガリー人と呼んでいるのだ」。

フォン・ノイマンは早い時期から、純粋数学と量子力学の基礎に関する業績で知られていた。彼やアメリカの論理学者アロンゾ・チャーチがいたことから、一九三〇年代のプリンストン高等研究所は数理論理学の中心地となり、クルト・ゲーデルやアラ

★1――一八九三年から刊行されているアメリカ物理学会が発行する学術雑誌。物理学の専門誌として高い権威を誇る。

ン・チューリングなどの天才を引きよせた。フォン・ノイマンは、チューリングの「数学の定理を機械的に証明できる万能の計算機」という漠然としたアイデアに魅了された。原子爆弾開発計画で大規模な数理解析モデルが必要になったとき、フォン・ノイマンは高等研究所の技術者を集めて、コンピュータの設計、製造、プログラミングに着手した。つまり、チューリングの万能機械を実現したのだ。一九四六年にフォン・ノイマンはこう述べている。「わたしは爆弾よりはるかに重要なものについて考えている。それはコンピュータだ」。

フォン・ノイマンは、仕事の空き時間には、チームに指示して、兵器開発以外の多

Column

火星人たち

宇宙人は、小説や映画などでたくさん登場する。そのため、現代人にとっては、宇宙人と聞くと、『スターウォーズ』や『スタートレック』などの映画に登場するものを思い浮かべて、なかなか火星とは結びつかないだろう。実際、現在の火星には地球外知的生命体（つまり、宇宙人）はいないと考えられている。だが、一九世紀の終わり頃、火星に宇

宙人がいるという説が唱えられた。唱えたのはアメリカで実業家から天文学者に転身したパーシヴァル・ローウェル。彼は私財を投じて建設したローウェル天文台で火星を観察し、火星には高度な文明をもつ火星人がいるに違いないと結論づけたのだ。この説は、すぐに他の天文学者から反論され、論争に発展した。

さらに、一八九八年にイギリスの小説家ハーバート・ジョージ・ウェルズが、火星人が地球に襲来するSF小説『宇宙戦争』を出版。ベストセラーとなると火星人のイメージは、広く社会に定着した。『宇宙戦争』は、一九三八年にアメリカでラジオドラマ化された。このドラマは舞台をアメリカに変え、宇宙船が着陸した現場からニュースキャスターが生中継をするという設定でおこなわれた。真に迫った演技に影響されてか、番組の途中で「これはドラマです」と断りが入ったにもかかわらず、このドラマを聞いた人たちがパニックを起こした。一九三〇年代から四〇年代の人たちにとって、火星人は宇宙人の代表的な存在だった。

ウェルズ『宇宙戦争』より

くの問題を、開発中の計算機で解かせた。一九四九年には、気象学者のジュール・チャーニーと協力して、史上初の数値天気予報[★2]をおこなったが、正確に言えばそれは、予報ではなく「後報」だった。と言うのも、翌日の天気を予測するのに四八時間かかったからだ。フォン・ノイマンは現在の気候変動を予期して、天気と気候の研究に関してこう記している。「これらの問題は核の脅威や他のあらゆる戦争よりはるかに強力に、すべての国の関心を一つに統合するだろう」。

数学の定理を証明できる機械という構想や、原子核の構造に関する高度に専門的な論文は、無益な努力のように思えるかもしれない。しかし実際のところそれらは、わたしたちの生活を革命的に変える技術の開発において、重要な役割を果たした。物質

Column

数学の定理を機械的に証明できる万能の計算機

チューリングが『計算可能数とその決定問題への応用』の中で登場させた仮想的な装置。チューリング・マシンとも呼ばれている。チューリング・マシンは、情報を読み書きできるヘッドと無限の長さをもつ記録媒体としてのテープで構成されている。テープはいくつものマス目に分かれていて、マス目には記号が書かれているか空白の状態である。

チューリング・マシンは、ユーザーからあらかじめ指示表（プログラム）を与えられていて、テープのマス目に記録された記号の指示に従う。このチューリング・マシンは、現在わたしたちが使っているコンピュータと原理的にはまったく同じ働きをするもので、コンピュータの原型ともいえる。チューリングは、人間の記述できるアルゴリズムはチューリング・マシンですべて記述し、処理できることを示した。数学は、公理や定義をもとにして、ルールに則り数式を処理していくので、チューリング・マシンで処理することができる。数学の公理や定義もプログラムとして定義し、指示表として与えておき、証明したい数式を記号化し、テープで読ませることで、数学の定理をチューリング・マシンで機械的に証明できる可能性がある。チューリングは、このマシンを考える中で、計算を実行しても停止しないチューリング・マシンがあることに気がついた。そして、あるチューリング・マシンに指示表とテープを与えて計算を始めた際に、そのマシンが停止して答えを導き出すか、それとも止まらずに永遠に動き続けるのかを判定する一般的なアルゴリズムがあるかどうかを考えた。そして、そのようなアルゴリズムは存在しないということを証明した。

★2――物理学の方程式を使い、コンピュータの中で風速や温度などが時間の経過とともにどのように変化していくのかを計算し、将来の天気を予測する方法。地球の大気や海を細かく格子状に区切って、それぞれの地点における気温、気圧、風速、湿度などの数値を方程式によって導いていく。

と計算の基礎への好奇心に駆り立てられたこれらの探究が、核兵器とデジタル・コンピュータの開発を導き、それが世界秩序を軍事的にも経済的にも永久に変えたのだ。「役に立つ」知識と「役に立たない」知識との間に、不明瞭で人為的な境界を無理やり引くのはもうやめよう。わたしたちは応用研究と「まだ応用されていない」研究について語った、イギリスの化学者でノーベル賞受賞者のジョージ・ポーターを見習うべきだろう。

応用研究とまだ応用されていない研究の両方を支援することは、賢明なだけでなく、社会的にきわめて重要である。科学のイノベーションが社会にさまざまな形で浸透していくことを可能にし促進するには、金融資産を管理するときと同様に、しっかりしたポートフォリオ〔訳注：最適な資源配分〕を考えるのが有益だ。バランスのとれたポートフォリオには、予測可能で安定した短期投資とともに、リスクはあるものの桁違いの利益を期待できる長期的な投資が含まれるだろう。研究における健全でバランスのとれたエコシステムは、相互に依存し制御しあう網目状のネットワークを育成しながら、あらゆる学問分野の支援につながるはずだ。

しかし、現在の研究環境は、不完全な「評価指標」と「政策（ポリシー）」に支配され、この賢明なアプローチを妨害している。不安定な経済、世界的な政情不安、短くなる一方の時間サイクル、それに深刻な資金不足、という環境にあって、研究を選ぶ基準は、保守的な短期目標を重視する方向へ、危険なまでに傾いている。このままでは、緊急性の高い問題ばかり追って、人間の想像力が長い年月をかけて達成する大きな進歩を逃すことになりかねない。フレクスナーの時代と同様、今日、そして明日の世界へとつづく進歩は、技術的な専門知識だけでなされるわけではない。妨げられることのない好奇心、現実的な考察の流れに逆らってはるか上流へとさかのぼろうとする気概、そして、それを楽しむ心によってなされるのだ。

＊＊＊

エイブラハム・フレクスナーとはどんな人物だったのだろう。そして、なぜ、束縛のない研究環境が重要だと確信するようになったのだろう。フレクスナーは、一八六六年にケンタッキー州ルイビルで生まれた。両親はボヘミアからのユダヤ系移民で、フレクスナーは九人きょうだいの一人だった。一八七三年の恐慌で一家は職を失い、経済的苦境に陥ったが、フレクスナーは兄ヤコブの支援を得て、ジョンズ・ホプキンス大学に入学した。同大学は間違いなく、合衆国初の近代的研究大学だ。その大学で、海外の一流大学にも引けをとらない進歩的な研究の機会にふれたことが、フレクスナーの考え方を方向づけた。こうして彼は生涯を通じて、教育と研究を批評し改革することになる。わずか二年で古典文学の学位を取得して同大学を卒業すると、ルイビルに戻って、大学進学予備校の創設に着手した。彼は、一人の人間にはとてつもない創造力があることを確信していたが、同時に、そうした才能を伸ばすことのできない教育機関に強い不満を抱いていた。予備校の設立を思い立ったのは、自らのそのような革新的な考えを実現するためだった。

フレクスナーが注目されるようになったのは、少人数クラスでの体験授業を強く推奨した一九〇八年の著書『アメリカの大学――批判的評論（*The American College: A Criticism*）』がきっかけだった。さらに、一九一〇年の爆弾報告書、すなわち、『フレクスナー・レポート』に記された主張は、社会に衝撃を与えた。その報告書は、カーネギー財団[3]の委託を受けて、北米の一五五の医学校の現状を論評したもので、「医学校の多くは詐欺的な利益追求マシンと化し、学生に実地訓練の場をまったく与えていない」と批判した。彼は教育機関を、「不真面目」で「恥知らず」と断じ、「虚構」とさえ形容し、シカゴを「疫病の流行地」と呼んだ。『フレクスナー・レポート』の影響は絶大だった。医学校のほぼ半分は閉鎖され、残った医学校も幅広い改革を強いられた。こうして合衆国における近代的な生物医学の教育と研究の時代が幕を開けた。

フレクスナーは、その努力と先見の明が認められ、ロックフェラーが設立した一般教育委員会のメンバーに一九一二年に選ばれた〔訳注：同委員会は後にロックフェラー財団[4]

★3――慈善家のアンドリュー・カーネギーによって一九〇五年に設立されたカーネギー教育振興財団のこと。教育の向上に関する学術調査や政策研究を実施する独立系研究機関として、数々の調査や研究をおこなっている。

★4――アメリカの大資本家ジョン・ロックフェラーによって二〇世紀初頭に設立された慈善事業団体。設立当初は医療、公衆衛生、医学教育・研究に対する援助を重点的におこなっていたが、現在は、健康向上、生態系再評価、生計確保、都市変革の四つを重点分野としている。

に組み込まれた〕。以後、彼はその地位と資力を活用して、高等教育と社会奉仕の領域で強い影響力をふるうようになった。まもなく同委員会の事務局長となり、一九二七年に引退するまでその地位にとどまった。彼のエッセイ、「役に立たない知識の有用性（The Usefulness of Useless Knowledge）」の土台となる考えが形づくられたのは、この立場にあったときのことだ。このエッセイは一九三九年一〇月の『ハーパーズ・マガジン』に掲載されたが、もともとは、一九二一年に同委員会向けに用意された内部文書に含まれていた。一九二〇年代、フレクスナーは、ヨーロッパ各地の高等教育機関をくわしく調査した。その範囲はイギリスとフランスの由緒あるカレッジから、産業界と強く連携するドイツの研究型総合大学や研究機関にまで及んだ。一九二八年、オックスフォード大学のオール・ソウルズ・カレッジ〔訳注：学部学生をとらず、選ばれた研究員のみが所属する〕に滞在していたフレクスナーは、ローズ奨学金記念講演をおこなう機会を得、未来の大学と研究機関についての自らの構想を語った。講演は高く評価され、その内容に加筆したものが、『アメリカ、イギリス、ドイツの大学（*Universities: American, English, German*）』（Oxford 1930）として出版された。大恐慌と、第二次世界大戦へとつながる当時の政情不安も、独立した研究機関の必要性を説くフレクスナーの主張を後押しした。

一九二九年、フレクスナーがその高邁な理想を実現する機会が、ルイス・バンバーガーと妹のキャロライン・バンバーガーの代理人とともに訪れた。バンバーガー兄妹は大恐慌で株が暴落する数週間前に、町の名を冠した巨大なニューアーク・デパートをメイシーズに売却し、莫大な利益を得ていた。兄妹の当初の目的は、人種的、宗教的、民族的偏見のない医療機関を設立することだった。しかしフレクスナーは、学者が自由な研究に専念できる機関を創設するよう、彼らを説得した。こうして一九三〇年にプリンストン高等研究所が設立され、フレクスナーはその初代所長になった。

同研究所の使命と構想は、ヨーロッパの戦況の変化とともに、劇的に拡大した。初期にそのメンバーになったアインシュタインを含む学者たちは、一九三三年にプリンストンに到着した。当時、ドイツではヒトラーが政権を握り、ユダヤ人を排斥する法律が敷かれたため、ユダヤ人科学者が脱出を図っていた。フレクスナーは兄のサイモンとバーナード、それにロックフェラー財団の協力を得て、できるだけ多くの学者を合衆国に迎え入れようとした。このヨーロッパの才能の流入は、世界の知識のバランスを劇的に変えた。一九三九年五月、フレクスナーは所長としてまとめた最後の年次報告書にこう記している。「わたしたちは画期的な時代に生きている。人類の文化の中心が、今わたしたちの目の前で移動しつつある……まちがいなく合衆国へと移動している。……わたしたちが、勇気と想像力をもって行動すれば、五〇年後の歴史家は、この時代に学識の重力の中心は大西洋を渡って合衆国に移動した、と伝えるだろう」。そうなったのは、他の誰よりもフレクスナーの貢献による。一九五九年、フレクスナーが九二歳で亡くなると、『ニューヨークタイムズ』の第一面に追悼記事が掲載され、編集者はそれを次のように結んだ。「同時代のどのアメリカ人よりも、彼はこの国と人類全体の繁栄に貢献した」。

＊＊＊

革新的なアイデアや技術の妨げとなる心の壁を打ち破ることができるのは、少々の幸運に助けられた好奇心だけだと、フレクスナーは生涯にわたって確信していた。知識の長い物語はしばしば自由な探求に始まり、実際的な応用に終わるが、それは後になってようやくわかるものだ、と彼は考えた。

彼は、マイケル・ファラデーとジェームズ・クラーク・マクスウェルによる電磁気の性質の画期的な研究が、後世にどのような影響を及ぼしたかを、はっきりと語っている。一九三九年に合衆国にFMラジオとテレビが導入されたことを思い出そう。驚くべきことに、アインシュタインの自宅の書斎の壁には、この二人のイギリス人物理学者の小さな肖像画がかけられていた。そしてもう一つ、有名だが、おそらく作り話と思われる逸話がある。一八五〇年に、当時イギリスの財務大臣だったウィリアム・グラッドストンがファラデーの研究所を訪問し、「きみが研究している電気には、国にとってどのような実際的な価値があるのかね」と尋ねたところ、ファラデーは、「それはわかりませんが、いずれあなたは電気に税金をかけることになるでしょう」と答えたそうだ。電気に関する方程式が特許申請されることはなかったが、現在の人類の挑戦はいずれも、電気や無線通信なしにおこなうのは想像しがたい。この一五〇年以上の間、わたしたちの生活のほぼすべての側面が、文字どおり電化されつづけてきたのだ。

　同様に、二〇世紀初めの頃、原子の研究と量子力学は、往々にして一握りの若い物理学者たちの理論上の遊び場と見なされ、「クナーベ・フィジーク」、すなわち、少年の物理学、と呼ばれていた。早々に何らかの結果につながるとは、誰も思っていなかったし、実際、量子論が誕生するまでの道のりは長く、苦難に満ちていた。ドイツの物理学者マックス・プランクは、一九〇〇年に、エネルギーは「苦肉の策」として小さな塊、すなわち「量子」の形でのみ発生するという、革命的な自説を発表した。彼は、「わたしはそのとき考えていた物理の原理について、ぜひとも何らかの提案をしたかった」と述べている。その判断は正しかった。量子論がなければ、物質の性質をその色から質感、化学的性質、核物理学的性質に至るまで、わたしたちが正しく理解することはなかっただろう。マイクロプロセッサ、レーザー、ナノテクノロジーにすっかり依存する現代の世界において、合衆国の国民総生産（GNP）のおよそ三〇パーセントは、量子力学が可能にした発明に依拠している。今後、ハイテク産業のさら

Column

量子コンピュータ

現在広く使われているコンピュータは、電気信号をオン、オフすることで、一つずつ順番に計算をし、さまざまな問題を解いている。最近のコンピュータは一回ごとの計算スピードがとても早いので、複雑な計算もすぐにできるように感じるが、とても単純な計算を一回ずつ積み重ねている。このようなタイプのコンピュータは、いくつかの場所を順番に一番速く回る効率的なルートを探す問題や因数分解などの問題を解くのは苦手だ。そのような問題は一つ一つ順番に試していくと解けるのだが、延々と時間がかかってしまうからだ。因数分解は、数字が割り切れるかどうかを調べる問題ということができる。数字が小さいときは簡単にできるが、大きくなると、その数字が割り切れるかどうかを判定するのが難しい。

量子コンピュータは、現在のコンピュータが苦手にしているこれらの問題を得意としている。現在のコンピュータは、電気信号のオン、オフによって、0と1を表し計算しているが、量子コンピュータの場合は、0と1の状態が確率的に決まる量子ビットというものを利用している。量子ビットは、計算の過程で0と1が重ね合わされている状態をとるので、この状態をうまく活用して計算をしていくと、一回ずつ計算をしていかなくても、効率的なルートや最適な組み合わせをすばやく選び出すことができる。量子コンピュータは、これまでのコンピュータとはまったく違う原理で計算をし、たくさんの可能性の中から最適なものを選び出す問題を解くのに向いているコンピュータといえる。

なる成長と、量子コンピュータの出現によって、この割合はますます増えるだろう。若い物理学者たちの深遠な理論は、誕生から一〇〇年ほどの歳月を経て、経済の支柱になったのだ。

アインシュタインの相対性理論が発表されたのは、一九〇五年のことだったが〔訳注：これは特殊相対性理論をさす。一方、一般相対性理論は、一九一五年から一九一六年にかけて完成した〕、それがまったく予想外の形で日常的に使われるようになるまでにも、同じくらい長い年月がかかった。グローバル・ポジショニング・システム（GPS）は、現代のモバイル社会において位置情報と時間情報を提供する人工衛星によるナビゲーション・システムだが、その正確さは、衛星から送られてくる時間信号の読み取りにかかっている。地球の重力場とこれらの衛星の動きは、時計の進み具合を速めたり遅くしたりし、一日に三〇ミリ秒変化させる。もしアインシュタインの理論がなければ、GPS追跡装置は、一日でおよそ七マイル〔訳注：約一一・三キロメートル〕の誤差を生むだろう。ここでもまた、一〇〇年におよぶ自由な思考と実験によって、文字どおり、日々わたしたちを導く技術がもたらされたのだ。

非実用的な研究から現実社会での応用に至る道は、一方通行でも直線的でもなく、複雑かつ循環的だ。応用の結果として生まれたテクノロジーが、逆に基本的な発見をもたらすこともある。その一例として、オランダの物理学者ヘイケ・カメルリング・オネスが一九一一年に発見した超電導という現象について考えてみよう。ある種の物質は、超低温にまで冷却すると電気抵抗がなくなる。つまり大量の電流を、まったく抵抗なしに流せるようになるのだ。この原理を利用してつくられた強力な磁石は、多くの革新的な技術をもたらした。例えば、磁場で列車を宙に浮かせて超高速で走行する磁気浮上式鉄道(リニアモーターカー)や、診断や治療のために詳細な脳スキャンをするｆＭＲＩ（磁気共鳴機能画像技術）[★5]だ。

これらの画期的技術を通じて、超電導は基礎研究のさまざまな分野の最前線を切り

★5――ＭＲＩは、強力な磁場のかかった場所に置いた物体に、電磁波を照射することで、物体を破壊することなく、内部の構造などを見ることができる技術や装置のことで、現在、医療機関などで使われている。ｆＭＲＩは、脳の機能を調べるために開発された手法で、一九九〇年に小川誠二により基本原理が発見された。

開いている。きわめて精密な脳スキャンは、人間の認知と意識にまつわる深遠な謎の探究を可能にし、神経科学分野の今日の繁栄を導いてきた。超電導は、量子コンピュータや次世代のコンピューティング技術の開発においても重要な役割を果たしており、それがどんな成果をもたらすかは、想像も及ばない。また、超電導は基礎物理学にもおおいに貢献し、世界最大かつ最強の磁石を誕生させた。それは、ジュネーブの欧州原子核研究機構（CERN）[★6]が建設した大型ハドロン衝突型加速器（LHC）[★7]の、地下一〇〇メートル、長さ二七キロメートルのトンネル内に設置されている。それが導いた

Column

グローバル・ポジショニング・システム（GPS）

地球を周回する人工衛星をたくさん打ち上げて、地球上の特定の場所の位置を測定するシステム。衛星測位システムともいう。もともとは、アメリカが運用している衛星測位システムを指していたが、ロシア、中国、ヨーロッパ、インド、日本からも測位衛星が打ち上げられており、それらをまとめてGPS（Global Positioning System）と表現している場合がある。アメリカ以外の国の衛星測位システムを含めた場合は、GNSS（Global Navigation Satellite System）と表現するのがより正確だろう。現在、GNSSはカーナビゲーションシステムやスマートフォンの位置測定など、さまざまな用途に使われている。

GNSSは、地上の受信機が四機の衛星から発信される電波を同時受信することで、地球の受信機で地球上での位置を測定する。衛星からの電波には、衛星の軌道や電波を発信した時間の情報が含まれているので、受信機が受信した時間をもとに、距離を割り出していく。GNSSで受信機の位置を正確に割り出すためには、それぞれの測位衛星の時計と受信機の時計の時間をしっかりと合わせないといけない。しかし、測位衛星は秒速七〜八キロメートルもの速さで移動しているのと、地球から離れているために、地上にある受信機との時刻がずれてしまうので、そのままでは受信機の正確な位置が測定できない。このずれを補正するために使われているのが相対性理論。相対性理論を使って計算すると、測位衛星の時間のずれを補正して、受信機の正確な位置を知ることができる。相対性理論は、物理学の基礎的な理論で、わたしたちの生活とは何の関わりもないように感じる人が多いだろう。しかし、わたしたちは、あまり意識をしていないが、日常的に相対性理論の恩恵を受けて生活している。

★6――スイス、フランス、ドイツなど、ヨーロッパの二三の加盟国が運営する素粒子・原子核物理学の国際研究機関。日本はオブザーバー国として関わっている。

★7――CERNに建設された世界最大級の円型加速器。光速に近い速度にまで加速した陽子同士を衝突させて、素粒子物理学の標準理論では説明できない新たな粒子を発見しようと実験を続けている。

二〇一二年のヒッグス粒子発見は、素粒子物理学の標準理論を完成させる最後の要素になった。物理学者はそれを土台としてさらなる探究をおこない、宇宙の謎を解き明かそうとしている。驚くべきことに、ヒッグス粒子についての深い理解は、それ自体が超電導理論に基づいている。つまり超電導の発見と一世紀後のヒッグス粒子の発見は、一本の道でつながっていたのだ。もっとも、その道は真っすぐではなく、曲がりくねっていた。

かたや生命科学は、基本的発見が実践に生かされる例がとくに多い分野だろう。人類の歴史において、もっとも知られていない成功談の一つは、過去二世紀半にわたる

Column

ヒッグス粒子

一九六四年にその存在が予言された粒子。この宇宙に存在する物質や、物質に作用する力はすべて素粒子でつくられている。理論から考えていくと、素粒子の質量は0になる必要があるものの、実際には質量をもつ素粒子が存在する。その矛盾を解消しようと考えられたのが、ヒッグス機構だ。

ヒッグス機構とは、空間にはヒッグス場というものが存在することで、一部の素粒子が

質量をもつようになったという理論。このような理論を最初に発表したのは、フランソワ・アングレールとロバート・ブラウトの二人だった。ピーター・ヒッグスの論文が発表されたのは、二人の論文が発表されてから二か月後のことだった。とくにヒッグスは、ヒッグス場から未知の素粒子が生まれることを初めて予言した。そのため、素粒子に質量を与える機構や場をヒッグス機構、ヒッグス場、そしてヒッグス場から生まれる粒子をヒッグス粒子と呼ぶようになった。だが、ヒッグス自身はこの素粒子のことをヒッグス粒子とは呼んでいない。ヒッグス機構、ヒッグス粒子はブラウト、アングレール、ヒッグスの頭文字を取ってＢＥＨ機構、ＢＥＨ粒子と呼ばれることもある。

二〇一二年七月、ＬＨＣで実験をおこなっていたＡＴＬＡＳとＣＭＳの二つの研究グループは、「ヒッグス粒子らしき新粒子を発見した」と発表した。二つの研究グループは二〇一三年三月に、「ヒッグス粒子の発見はほぼ確実」と発表。そして、二〇一三年一〇月に、アングレールとヒッグスの二人にノーベル物理学賞が贈られた。ブラウトも受賞が確実視されていたが、二〇一一年に逝去したため、ノーベル賞の規定により受賞を逃した。

CERNを訪れたヒッグス
©University of Edinburgh/POOL/AFP

医学と衛生学の進歩が、西洋人の平均寿命を三倍に伸ばしたことだ。また、一九五三年にＤＮＡ[8]の二重らせん構造が発見され、分子生物学の時代が華々しく幕を開けた。以来、遺伝子コードと生命の複雑さが解き明かされてきた。一九七〇年代には遺伝子組み換え技術が確立し、二〇〇三年にはヒトゲノム配列解読が完了した。これらの偉業は製薬研究に革命をもたらし、現代のバイオテクノロジー産業を生み出した。現在では、ゲノム編集技術 CRISPR-Cas9 によってゲノムを編集し、遺伝情報を書き換えられるようになった。この技術には、病気の予防と治療から農業と食の安全の向上まで、無限の可能性が秘められている。以上の画期的発見は健康維持と病気の治療に計り知れない恩恵をもたらしてきたが、それが生物システムを真摯に探究した結果であ

Column

素粒子物理学の標準理論

この宇宙の中で作用する力は、重力、電磁気力、強い力、弱い力の四つに分類される。物理学者たちは、この四つの力を統一することを目指して、理論を積み重ねてきたが、いまだに四つの力を統一的に説明する理論はつくられていない。素粒子物理学の標準理論は、電磁気力と弱い力を統一した電弱統一理論（グラショウ－ワインバーグ－サラム理論）と強

い力に関する量子色力学から構成されている。標準理論は、これまでおこなわれてきた素粒子の実験結果とほとんど矛盾がないものの、研究者が自由に数値を決められるパラメータが一八個もあり、多くの謎が残されている。電磁気力、弱い力、強い力の三つの力を統一的に説明する理論は大統一理論と呼ばれ、多くの物理学者が、その完成を目指して研究している。

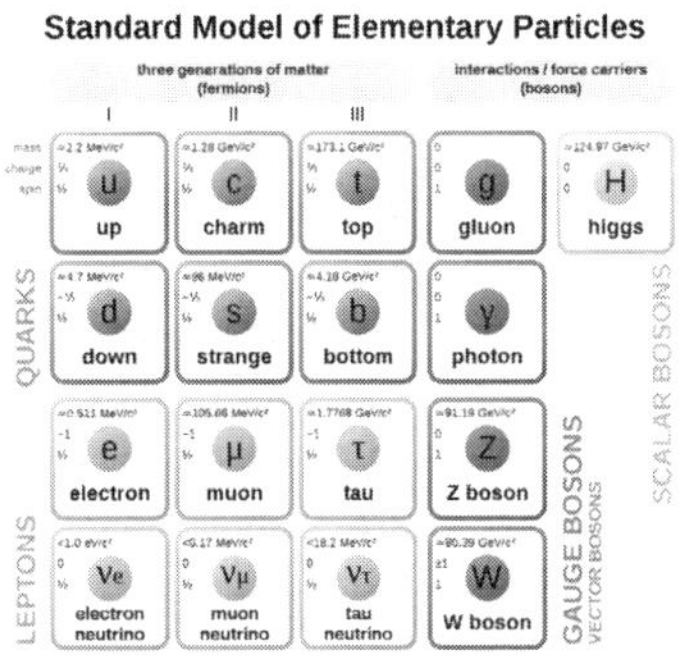

標準模型にあらわれる素粒子

★8――デオキシリボ核酸。地球上のすべての生物がもつ物質で、アデニン（A）、グアニン（G）、シトシン（C）、チミン（T）の四種類の塩基が並んでいる。四つの塩基はAとT、CとGがペアをつくり結合する二重らせん構造をしていて、どちらか一つの配列があれば、必ずもう一方の配列をつくることができる。DNA上の塩基の数は生物によって違い、人間の場合は塩基のペアが三〇億個ほどあり、通常は二三組、四六本の染色体に分かれて、細胞の核に格納されている。DNA上に記された塩基配列は、遺伝情報として親から子に伝えられ、一つの生物のもつすべての遺伝情報をゲノムという。それぞれの細胞では、この遺伝情報をもとにしてさまざまなたんぱく質がつくられ、生命活動をコントロールしている。

り、何の役に立つかといったことは科学者の念頭になかったことを、忘れてはならない。

＊＊＊

「役に立たない知識は有益だ」というフレクスナーの主張は、現在においていっそう重要であり、さらに広い分野において真実であり続けている。なぜなら、第一に、フレクスナーがエレガントに論じたように、基礎研究はそれ自体が知識を向上させるからだ。基礎研究は、可能なかぎり上流まで知識を探究し、実践的な応用やさらに進んだ研究へと緩慢ながら着実につながるアイデアを生み出していく。よく言われるように、知識は唯一、使えば使うほど増える資源なのだ。

第二に、先駆的な基礎研究はしばしば予想外の直接的な形で、新しいツールや技術をもたらす。二〇世紀後期に起きた、そのような幸運な展開の驚くべき実例は、情報共有ソフトウェアの開発である。それは一九八九年に発明され、ワールド・ワイド・

Column

CRISPR-Cas9

人間は、生物のもつゲノムを改変して、新しい性質をもつ生物をたくさんつくりだしてきた。わたしたちが毎日口にしている野菜も、野生の植物から、人間が育てやすく、食べやすい特徴をもつものを交配、選抜してつくりだしてきたものだ。このような交配、選抜の過程を通して、人為的に遺伝子が改変されてきた結果、野菜などの栽培作物がつくられている。生命科学が進み、さまざまな生物のゲノムが解読されるようになると、生物の性質に対応する遺伝子がゲノムのどこに位置するかが分かり、遺伝子を直接改変することで、新しい性質をもつ栽培作物などをより短期間につくる試みがされるようになった。遺伝子の改変技術は、生物の中で遺伝子がどのように働いているのかを解明するための重要なツールにもなっている。この遺伝子改変技術をさらに発展させて、狙った遺伝子の配列を切断したり、新しい遺伝子を挿入したりするゲノム編集技術が開発されている。

CRISPR-Cas9は二〇一二年に開発されたゲノム編集技術で、これまで遺伝子改変ができなかった培養細胞、動物、植物での遺伝子の切断、挿入が簡単にできるようになった。CRISPR-Cas9を利用したゲノム編集は現在、世界中に広まり、さまざまな研究で使われている。

ウェブ[9]として広まった。もとはCERNの加速器で素粒子を研究している数千人の素粒子物理学者のための共同作業用ツールだったが、一九九三年にはパブリックドメイン[10]になり、インターネットの力を大衆に解き放ち、全世界での大規模なコミュニケーションを可能にした。同じく、素粒子実験で生じた大量のデータを格納し、処理するために、いわゆるグリッド・コンピューティング[11]やクラウド・コンピューティング[12]が開発され、世界中のコンピュータを巨大な仮想ネットワークでつないでいる。これらのクラウド技術は現在、各種サービス、買い物から娯楽、ソーシャルメディアに至るまで、数多くのインターネット・ビジネス・アプリケーションを動かしている。

第三の理由は、好奇心を原動力とする研究は世界最高レベルの学者を惹きつけることだ。基本的な問題への知的挑戦に惹かれる若い科学者や学者は、新しい考え方や技術の使い方に長けている。彼らの技能を社会で応用すれば、革命的な変化が起きる可

★9——現在、わたしたちが使用しているコンピュータの多くは、インターネットを通じて、世界中のコンピュータとつながるようになった。このインターネットをより使いやすくし、情報共有

を推し進めるようにしたのが、ワールド・ワイド・ウェブ（WWW）だ。WWWは、インターネット上にある複数の文書を結びつけるハイパーテキストというしくみを利用し、一九八九年にCERNに所属していたコンピュータエンジニアのティム・バーナーズ＝リーによって考案、開発された。CERNには数千人に及ぶ研究者が在籍し、世界からもたくさんの研究者がやってくる。これらの人たちに膨大な情報を共有させるために構築されたWWWのシステムは、一九九一年八月六日に世界で初めてのウェブサイトとして公開された。

★10――ソフトウェアや著作物などについて、作者が著作権などの権利を放棄し、誰でも無償で利用できるようにしたもの。ティム・バーナーズ＝リーは、一九九三年にWWWのソフトウェアを世界に無償公開した。これにより、WWWはインターネット上で、情報を発信、共有するための共通のしくみとなり、ウェブサイトは、インターネット上での情報を共有するためのしくみの代名詞となった。WWWに代表されるような初期のインターネット技術は、有志の技術者がパブリックドメインとして公開することが多く、独特の文化を形成する土壌となった。

★11――インターネットなどを通して、複数のコンピュータを連携させて、一台のスーパーコンピュータのように大規模な計算処理を実行するシステム。ネットワークにつながっているコンピュータに作業を分担させることで、高性能なコンピュータと同等の処理能力のシステムを低コストでつくりだすことができる。

★12――現在のコンピュータには、さまざまな人たちが使いやすいように、いろいろな機能をもったアプリケーションソフトが開発されている。それらのアプリケーションソフトは、一つ一つのコンピュータのハードウェア上にインストールして使用されてきた。だが、インターネットを始めとする情報通信技術の発展によって、ハードウェアに直接ソフトウェアをインストールしなくとも、ネットワークを介してさまざまなソフトウェアを利用できるようになってきた。そのようなシステムやサービスをクラウド、またはクラウド・コンピューティングという。

能性がある。たとえば、複雑な自然現象を緻密な方程式に置き換えられる科学者は、財政データや社会データの定量分析など、社会や産業の他の部門において、その技能を発揮できるだろう。

第四の理由として、基礎研究によって得られる知識の大半は公開され、総じて社会のためになることが挙げられる。数年、数十年とたつうちにその知識は、最初にそれを取り入れ発展させた小人数の集団の枠を超えて、広まっていくだろう。基本的な知識の進歩は、人や組織、国家によって独占されたり、制限されたりするものではない。現代のインターネット社会ではなおさらである。それらはまさに公共の財産なのだ。

最後に、先駆的研究のもっとも具体的な効果の一つは、スタートアップ企業という形であらわれている。過去数十年で登場した新しい産業のプレイヤーたちは、技術がいかに強力に商業活動を生み出すかを体現している。経済成長の半分以上はイノベーションに由来する。情報技術やバイオテクノロジー産業における成功例の元をたどれば、シリコンバレーやボストン地域など、研究大学周辺の肥沃な環境で育った基礎研究の成果に行き着く。そのような地域には、公的資金が惜しみなく投じられている。

Column

グーグルの創業者

グーグルの創業者は、セルゲイ・ブリンとラリー・ペイジである。ブリンは、一九七三年八月に旧ソビエト連邦(現在のロシア)のモスクワに生まれ、一九七九年にアメリカ・メリーランド州に移住した。そして、メリーランド大学でコンピュータ科学と数学を学んだ後、アメリカ国立科学財団の大学院特別研究員奨学金を得て、スタンフォード大学大学院に入学した。

ペイジは一九七三年三月にアメリカ・ミシガン州で生まれた。彼はミシガン州立大学を優秀な成績で卒業した後、スタンフォード大学大学院に入学。ブリンとペイジがスタンフォード大学大学院で学んでいた一九九〇年代後半は、インターネットが一般社会に広まっていった時期で、インターネット上にはたくさんのウェブサイトがつくられていた。急速に増加するウェブサイトの中から、自分に必要な情報を得るために、多くの人たちが検索エンジンを活用するようになっていたが、この頃の検索エンジンは、まだ精度があまりよくなかった。二人は、ウェブページの新しい検索方法を開発し、スタンフォード大学のウェブでそのプログラムを公開。一九九八年九月にスタンフォード大学を離れ、グーグルを設立した。

ペイジ(左)とブリン(右)
©BORIS ROESSLER/DPA/dpa Picture-Alliance via AFP

マサチューセッツ工科大学（ＭＩＴ）の試算によれば、そうした投資によって、三万の企業が生まれ、およそ四六〇万の従業員を抱えるに至った。それらには、テキサス・インスツルメンツ[13]、マクドネル・ダグラス[14]、ジェネンテック[15]などの巨大企業も含まれる。

グーグルの創業者二人は、スタンフォード大学の大学院生として、アメリカ国立科学財団[16]（ＮＳＦ）のデジタル・ライブラリー・イニシアティブ[17]が支援するプロジェクトに携わっていたが、そのプロジェクトはおそらく史上最高額の政府補助金を受けていた。

フレクスナーは、好奇心と想像の力について論じた最初の人物というわけではない。エッセイ「役に立たない知識の有用性」において、彼はこう述べている。「好奇心は、結果的に役に立つか否かにかかわらず、おそらく近代的思考のとりわけ優れた特徴です。それは新しいものではなく、ガリレオ、ベーコン、アイザック・ニュートン卿にまでさかのぼれます。そして、けっして制約されてはならないものなのです」。

科学における想像力の役割については、最初のノーベル化学賞を受賞したオランダの化学者ヤコブス・ヘンリクス・ファントホッフが早々と支持している。一八七四年、

彼は弱冠二二歳にして、「分子は三次元の立体構造をしているにちがいない」という

★13――一九三〇年にアメリカ・テキサス州で設立された世界的な半導体企業。

★14――戦闘機メーカーだったマクドネル・エアクラフトと旅客機を主に製造していたダグラス・エアクラフトの合併により、一九六七年に設立されたアメリカの航空機メーカー。マクドネル・ダグラスは、一九九〇年代に業績不振に陥り、一九九七年に世界最大の航空宇宙機器の開発製造企業であるボーイングに吸収合併された。

★15――一九七六年四月に南サンフランシスコの倉庫に設立されたバイオ系のベンチャー企業。遺伝子組み換え技術に関する基本特許をもとにして、インスリンと成長ホルモンの遺伝子を複製することに成功。一九八二年には遺伝子組み換えによるインスリン製剤を世界で初めて市販するようになった。その後、資金不足に陥ったジェネンテックはスイスの世界的なヘルスケア企業のロシュの子会社となり、一九九〇年代後半から画期的な医薬品を次々と開発した。

★16――アメリカの科学や工学を発展させるために一九五〇年に設立されたアメリカ連邦政府の機関。アメリカ国立衛生研究所（ＮＩＨ）が担当する医学分野を除く、科学、工学分野の研究に対し、幅広く研究費を拠出し、研究の支援をおこなっている。二〇一九年度の予算は約七四億ドル。

★17――一九九四年にスタートした取り組みで、ネットワークを介して、利用者が資料を探し、閲覧できる環境の構築を目指した。セルゲイ・ブリンとラリー・ペイジの二人はスタンフォード大学に所属していた時期に参加し、グーグルの基礎となる検索技術を生みだした。一九九八年から二〇〇三年にかけては、規模を拡大した第二期が実施され、国立図書館や大学図書館などで、デジタル・ライブラリー・サービスの基礎がつくられた。

自論を公表し、文字通り、化学者の目を開かせた。もっとも、彼の急進的な洞察を、だれもがすぐ受け入れたわけではなかった。当時の著名な学者の一人で、優れた化学雑誌 *Journal für praktische Chemie* の編集者であったドイツの化学者ヘルマン・コルベは、容赦ない批判を浴びせた。「ユトレヒト大学獣医学部に勤務するファントホッフ博士とやらは、正当な化学研究というものを知らないようだ。それよりも、ペガサス(たぶん獣医学部から借りたのだろう)に乗って化学のパルナッソス山[★18]に昇り、宇宙空間内に原子がどう配置されているかを、自分が見たままに発表すればそれでいいと思っているらしい」。

この批判は痛烈だったが、おかげで国際的な関心が高まった。実のところ当時から、悪口は良い宣伝になったのだ。四年後、アムステルダム大学の教授に任命されたとき、ファントホッフは就任スピーチ「科学における想像力 (*Imagination in Science*)」(Bazendijk, Rotterdam, Netherlands 1878) において創造性の役割を強く擁護した。優れた化学者である彼は、その主張を裏づけるのに、実験的なアプローチをとった。二〇〇人の著名な科学者の伝記を調べて、芸術や文学への関心を見つけようとしたのだ。例えばファラデーの手紙から、彼は満足げにこう引用した。「わたしのことを非常に思慮深い人間と見なしたり、天才だと考えたりしないでほしい。わたしは非常に想像力豊かな人間であり、『アラビアン・ナイト』を百科事典と同じくらい容易に信じることができた」。

この調査の結果、二〇〇人のうち五二人に豊かな想像力の証拠が見てとれ、それらは自分の主張を十分に裏づける、とファントホッフは主張した。さらに、ニュートン、ライプニッツ、デカルトといった知の巨人を含む一一人には、盲信、幻覚、心霊主義、魔術、哲学的思索への嗜好を伴う、「病的」な想像力の兆候が認められた。

二〇世紀に入ってからも、想像力は、さまざまな学問領域で科学者や学者を成功へ

★18——ギリシャ中部に位置する山の名前。ギリシャ神話にもたびたび登場している。この当時、炭素原子の構造が平面的なものなのか、立体的なものなのか、議論があったが、ファントホッフは立体的であるという説を示した。ヘルマン・コルベは構造化学の権威といった存在で、ファントホッフの革新的な理論に対して、幻想のようなものだという意味合いをこめて、神話に登場するペガサスやパルナッソス山という言葉を織り交ぜて、批判をしたと思われる。

導く原動力になっている。アインシュタインの次の言葉はよく知られる。「想像力は知識よりも重要だ。なぜなら、知識は今わたしたちが知り、理解していることに限られるが、想像力は世界のすべてを包括し、わたしたちがこれから知ること、理解することまで含むからだ」。量子物理学者リチャード・ファインマンは、現代における創造性を象徴する人物であり、アップル・コンピュータの宣伝にも起用されたが、科学と想像力との制限のある結びつきを的確にとらえ、こう述べている。「科学的創造性とは、拘束衣をまとった想像力である」。

＊＊＊

好奇心と想像力を原動力とする、結果にこだわらない研究についての主張の本筋は、今も妥当でタイムリーだが、フレクスナーのエッセイが出版されてから現在までの間に、多くのことが起きた。マンハッタン計画[★19]に象徴されるような、戦時に科学者が果たした重要な役割は、国家と世界の存続のためには基礎研究が非常に重要であることを、広く世に知らしめた。第二次世界大戦中に、科学研究開発局（ＯＳＲＤ）[★20]長官を務めたヴァネヴァー・ブッシュは、一九四五年、ルーズベルト大統領への報告書で、基礎研究の重要性を述べている。ブッシュの『科学、その果てしない前線（*Science, the Endless Frontier*）』に導かれるようにして、戦後にまずアメリカで、つづいて西洋社会全体で、基礎科学への公的資金投入ブームが起きた。もっとも、当時、その主たる動機は、兵器の開発研究にあったと思われるが、科学と研究に本来備わっている文化的価値が一貫して強調されたことは注目に値する。物理学者ロバート・ウィルソンは、

★19——ナチスによる原子爆弾開発の可能性に危機感をもったレオ・シラードらによって書かれたアインシュタイン－シラードの手紙を発端にして始められたアメリカの原子爆弾開発、製造計画。この計画を推進するための事務所がニューヨークのマンハッタンに置かれたことからマンハッタン計画と呼ばれるようになった。高濃縮ウランの分離をテネシー州のオークリッジ、プルトニウムの生産をワシントン州ハンフォード、原子爆弾の組み立てなどをニューメキシコ州ロスアラモスでおこない、一九四五年の広島と長崎への原子爆弾投下へつながった。

★20——一九四一年に設置されたアメリカ大統領直属の連邦政府機関で、第二次世界大戦時には、原子爆弾以外の科学研究を管理下に置いていた。ＯＳＲＤは、科学者と直接契約を結ぶことにより、多くの科学者を戦争に協力させた。

一九六九年の議会公聴会で、フェルミ研究所の大型加速器は冷戦での国防に役立つのか、と問われ、こう答えた。「この新たな知識は、名誉と国家には関係があるが、わが国の防衛にはまったく役立たない。ただ、わが国を守るに値する国にするのに役立つだろう」。同じ時期、アメリカの公教育ではリベラルアーツの伝統が復興し、基本的価値観のよりどころとして人文科学が採用されるようになった。第二次世界大戦はまさにその価値観をめぐっての戦いだった。

その結果、戦後数十年間で科学は世界全体で未曽有の発展をとげた。その推進力になったのは、アメリカ国立科学財団などの研究支援機関が創設され、研究インフラへの巨額な投資がおこなわれるようになったことだ。もう一つの重要な推進力は、一九五七年一〇月四日にソビエトがバスケットボール大の人工衛星、スプートニクを打ち上げたことだ。スプートニクはアメリカの教育と研究にとって重要な分岐点となった。以来、科学カリキュラムは実践的な実験を重視するようになり、アメリカ航空宇宙局（NASA）[★21]が創設され、宇宙開発競争が始まり、国防総省内に高等研究計画局（DARPA）[★22]が設置され、科学と工学の研究費は大幅に増えた。現在のマイクロエレクトロ

Column

スプートニクショック

ソビエトによるスプートニク打ち上げ成功のニュースは、アメリカを始め、当時の資本主義陣営の国々に大きな危機感を与えた。第二次世界大戦後、アメリカとソビエトは冷戦状態に入り、互いに自国の優位性を示すために、ロケットや人工衛星の開発競争をおこなっていた。アメリカは、ソビエトよりも技術力が上回っていると考えていたが、スプートニクの打ち上げ成功によって、宇宙開発分野でソビエトに後れを取っていることが明らかになった。宇宙開発は、国家の安全保障にも直結する分野なので、アメリカの動揺は大きかった。

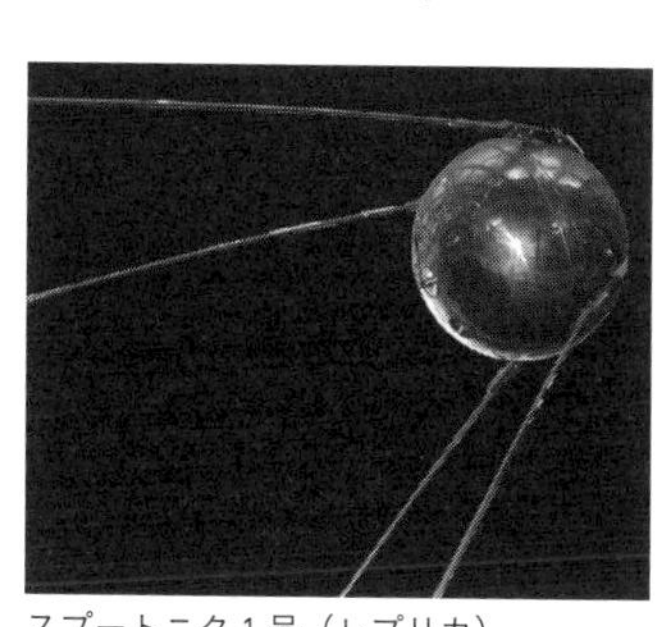

スプートニク1号（レプリカ）

★21——スプートニクショックを経験し、アメリカはこれからの宇宙開発競争をにらみ、これまで空軍、海軍、陸軍でバラバラにおこなっていた宇宙開発を一本化して、強力に推進することを決め、一九五八年一〇月一日にNASAを発足させた。NASAは非軍事の宇宙開発を受けもち、一九六九年に人類を月に送りこむアポロ計画を成功させ、一九八〇年代には往還型の有人宇宙船スペースシャトルを開発。その他、さまざまな人工衛星や探査機を宇宙に送り、宇宙利用を進めていった。

ニクスとインターネット時代は、まさにスプートニクショックから始まったのだ。

しかしこの数十年間で、その流れは明らかに勢いを失った。現在、学問の地位は脅かされ、フレクスナーが予言した危機がそここで現実のものになっている。現代の知識ベースの社会において、科学的な事業の役割は拡大しているが、公的資金は年々削減され、まったくもって足りていない。アメリカの研究開発予算が国内総生産（GDP）に占める割合は、徐々に減少している。冷戦と宇宙開発競争がピークにあった一九六四年には二・一パーセントだったが、現在では〇・八パーセント以下だ（留意すべきは、その予算のおよそ半分が、依然として国防関連に使われていることだ）。アメリカ最大の医療研究資金をもつアメリカ国立衛生研究所（NIH）[★23]の予算は、この一〇年間で二五パーセント減少した。

加えて、株主の近視眼的な圧力を受けて、産業界も研究活動を縮小しており、それを支える責務は、公的資金と個人の篤志家が担うようになった。米議会の委員会の調査により、二〇一二年に使われた基礎研究費のうち、企業が提供したのはわずか六パーセントで、連邦政府が大半——五三パーセント——を提供し、残りを大学や財団が担ったことがわかった。現在の企業が、名高いベル研究所[★24]の例にならうとは考えにくい。ベル研究所の科学者は、基礎研究によって八個のノーベル賞を受賞し、さまざまな進歩を導いた。その進歩には、トランジスタ[★25]やレーザーの開発、ビッグバン理論を

★22——スプートニクショックをきっかけとして、一九五八年に設立されたアメリカ国防総省の資金分配機関。設立当初はARPA(Advanced Research Projects Agency)という名称だったが、現在は、DARPA(Defense Advanced Research Projects Agency)に変更されている。設立当初は宇宙関連の研究開発を支援していたが、宇宙関連の事業がNASAに移管された後は、研究分野を問わず、アメリカの防衛にとって重要な研究を援助している。これまで資金提供してきた研究には、インターネットの前身といえるARPANETやGPS、手術支援ロボットのダヴィンチ、スマートフォンの音声アシスタントアプリSiri、掃除ロボットのルンバなどがある。

★23——一八八七年に設立されたアメリカでもっとも古い医学研究機関。国立癌研究所、国立心肺血液研究所など、専門領域ごとに複数の研究所をはじめ、二七の施設をもつ。健康医療分野の研究を統括する司令塔のような役割もしている。

★24——アメリカ最大手の電話事業者であるAT&Tを中心とした巨大通信グループのベル・システム傘下の研究所として一九二五年に設立された。世界中から一流の研究者を集め、トランジスタ、プッシュフォン、レーザー、光通信、携帯電話の通信方式など、さまざまな技術を生み、世に送り出してきた。しかし、一九八四年のAT&Tの分割以降、ベル研究所は親会社の変更、研究所自体の分割などを経験し、研究開発の力が衰退してしまった。

裏づける宇宙マイクロ波背景放射の発見も含まれる。近年、多くの大学では、産業に直結する研究が重視されるようになり、基礎研究はおろそかになっている。一方で政府は、クリーンで持続可能なエネルギーへの転換、気候変動との戦い、世界規模の伝染病予防といった社会問題に取り組む研究を支援する方向へ向かっているものの、そのすべてを、現状のままか削減された予算で賄おうとしている。結果、基礎研究は不当に軽視され、その予算は、削減に削減を重ねた残りでしかなくなった。

こうしたことから、基礎研究における助成金申請がうまくいく割合はあらゆる分野で急落しており、とくに若手研究者にとってハードルは高い。現在、生命科学分野の研究者は、四〇代半ばになってようやくNIH助成金の交付を期待できるといった有様だ。このような機会の喪失は、才能ある若手研究者を落胆させるだけではない。先の見えない長期的研究は助成金を得にくいため、ますます結果重視のアプローチがとられるようになるのだ。パブリック・アカウンタビリティ〔訳注：社会への説明責任〕を求める文化が広がったことで、失敗は許容されにくくなり、損をするリスクが減ったが、得をする可能性も減った。提案された研究の質と影響を評価する数値指標は、そのような評価のための広く認められた枠組みがないにもかかわらず、目標がはっきりしていて予測可能な研究を高く評価し、先駆的な研究を低く評価する。このような数字への盲信は、多大なコストを伴い、とりわけ人文科学と社会科学が犠牲になっている。それらの価値や先見性は複雑でわかりにくいため、この有害な定量的観点からは、容易に見逃されてしまうのだ。

実際、数値指標と目標に固執する今日の研究風土の中で、どうすれば、「役に立たない知識は有益である」ことを伝えられるだろう？ 研究の道のりは長く曲がりくね

★25——電子機器において、電気の流れをコントロールする部品。一九四七年に、ベル研究所に勤めていたウィリアム・ショックレー、ジョン・バーディーン、ウォルター・ブラッテンによって発明された。トランジスタが発明される前は、真空管が電気の流れをコントロールしていたが、真空管は大きくて寿命が短いという欠点があった。三人がトランジスタを発明して以来、電子機器は小型化していった。さらに、時代が進むと、たくさんのトランジスタを集約したIC（集積回路）、LSI（大規模集積回路）が開発され、電子機器はさらに小型化し、価格も下がった。ICやLSIは、現在、さらに高密度、高性能となり、スマートフォンをはじめ、コンピュータの小型化、高機能化に貢献している。ショックレー、バーディーン、ブラッテンは一九五六年にノーベル物理学賞を受賞した。

っていて、驚きに満ちており、行き止まりも多いが、つづら折りの道の果てに予想外の展望が開けることもある。その長い道のりに数えあげるべき景色はいくつあるだろう？　どうすれば、あるアイデアの潜在的な結果を、閉じ込めることなく、明らかにできるだろう？　フレクスナーは、「基礎研究は必然的にいくらかの資金を浪費するが、成功がもたらす価値は、失敗による浪費をはるかに上回るはずだ」と述べている。基礎研究とその応用との間には、直接的な関係、あるいは予測可能な関係はない。基礎研究には長い年月がかかり、往々にして今日の政府や企業が基準としがちな四年をはるかに超え、ましてや二四時間のニュース・サイクルには到底、適合しない。何年も、あるいは何十年も費やされ、場合によっては、アインシュタインの相対性理論のように、そのアイデアの社会的価値が完全に明らかになるまでに一〇〇年かかることさえあるのだ。

基礎研究とその応用に直接的な関係があるとわかっている場合でも、連鎖をはっきり辿るのは難しいかもしれない。基礎研究を進めるうちに、その活用方法が見えてくることがあるが、その間には、さまざまな相関が働いているため、だれがだれに影響

Column

ビッグバン理論

一九四〇年代にロシア生まれの物理学者ジョージ・ガモフが提唱した「宇宙は超高温、超高圧な火の玉のような状態からはじまった」という理論。この理論はとても斬新で、理論の中で予想されている初期の宇宙の姿が現在の宇宙とかなりかけ離れたものであったこともあり、多くの批判を受けた。とくに、イギリスの天文学者フレッド・ホイルは、この理論は根拠のないものだと決めつけ、激しく批判した。ちなみに、ビッグバン理論の名づけ親は、批判者のホイルだった。ホイルは、「宇宙はドッカーンと爆発して誕生したのか」という皮肉をこめて、ガモフの理論をビッグバン理論と呼んだ。当のガモフは、この名前が気に入り、自らもよく使ったので、ビッグバン理論という名前が広まることとなった。現在は、さまざまな観測的証拠により、ビッグバン理論は宇宙進化の基礎理論となっている。

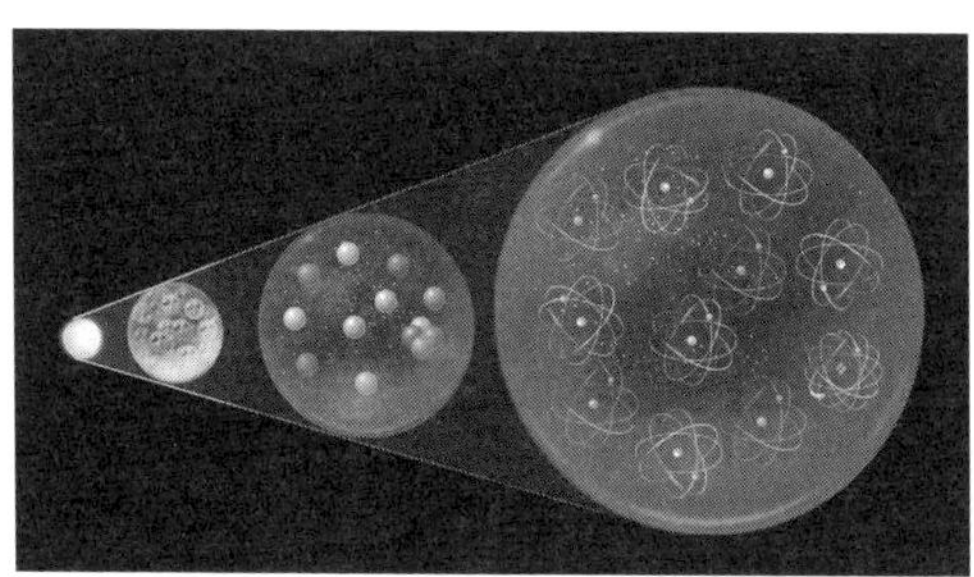

ガモフによるビッグバン理論
©JACOPIN/BSIP /BSIP via AFP

を及ぼしたのかをすべて明らかにするのは不可能だ。知識の流れは曲がりくねっているだけでなく、海へ流れ込む河口のように何本にも枝分かれしているため、一本の流れとして見極めるのは難しいのである。そもそも原因と結果をつなげることの難しさは、学問の世界に限ったことではなく、いつ、どこで、だれが、ある思考パターンを始めたのかは総じてわかりにくいものだ。加えて、知識は国境や専門領域を容易に超えるので、ある成功を特定のセンターや領域にさかのぼるのは難しい。結局のところ、科学は真に世界を結び、普遍性をもつ事業なのだ。

最後に、基礎研究が必ずプラスの結果に至るわけではないことを、忘れてはいけない。科学とテクノロジーは、つねに光と影の両方をもたらす。新たな知識は、人類に利益をもたらすこともあれば、損害をもたらすこともある。これはフレクスナーの時代では、核の技術について言えることであり、現代では、ゲノム編集[★26]について真実である。フレクスナーはそのエッセイの中で、新しい武器の創造に科学者が果たすあいまいな役割について、慎重に言及しているが、研究を破壊的な目的で利用するのは、「人間の愚かさゆえであり、科学者がそれを意図したわけではない」としている。そ

Column

宇宙マイクロ波背景放射

宇宙のどの方向からもほぼ一様にやってくるマイクロ波。宇宙マイクロ波背景放射は、ビッグバンによって発生した光が、地球にやってくる間にマイクロ波へと引き伸ばされたものだ。もし、ガモフが言うように宇宙の初期にビッグバンがあったならば、宇宙マイクロ波背景放射が観測できることが、一九四八年に物理学者のラルフ・アルファとロバート・ハーマンによって予言されていた。また、一九六〇年代に入ると、物理学者のロバート・ディッケがアルファらとは独立に、宇宙マイクロ波背景放射の存在を予言し、研究を進めていたが、一九六四年にベル研究所の研究員だったアノー・ペンジアス、ロバート・ウィルソンが、高性能アンテナの設置作業中に、偶然、発見した。この発見により、ビッグバン理論の信頼性が高まり、現在は宇宙初期にビッグバンが起きたことは、ほぼ確実だとみられている。ペンジアスとウィルソンの二人は、この功績によって一九七八年にノーベル物理学賞を受賞した。

WMAPによる宇宙マイクロ波背景放射の温度ゆらぎ
©NASA/WMAP Science Team

★26——コラム「CRISPR-Cas9」参照。

のエッセイの発表からわずか数年後にオッペンハイマーが開発を支援した原子爆弾の非道さを、フレクスナーは予見できなかった。オッペンハイマーは戦後、プリンストン高等研究所の第三代所長になる。エッセイが発表された月に、ウラニウムに関する大統領諮問委員会は、「原子に閉じ込められた無限のエネルギー」の解放について話し合う最初の会合をもった。その委員会は、アインシュタインがルーズベルト大統領に送った手紙の直接の結果であり、それがまもなくマンハッタン計画へとつながり、やがて広島と長崎の破壊をもたらした。

＊＊＊

一九三九年の万国博覧会が示したように、明日の世界を正確に予測するのは難しく、ほぼ不可能だ。ワーテルローの戦いでナポレオンに勝利したウェリントン卿の次の言葉はよく知られる。「戦争は、人生におけるあらゆる営みと同じだ。それは知らないことを知ろうとする営みであり、言うなれば、丘の向こうにあるものを知ろうとすることなのだ」。実のところ、「鉄の公爵」ことウェリントン卿は、引退した後、田園地方の知らない場所へ客を連れていき、丘の向こうにある風景を当てるというゲームに興じた。ウェリントンはこのゲームが得意だったにちがいない。

想像力とは、丘の向こうの未知の領域を見る能力だ。そして好奇心とは、人間に本来備わる、丘に登ってその向こうを見ようとする衝動である。数百万年にわたる進化により、わたしたちの脳は、そのような危険な行動に喜びを感じるようになった。近年、神経科学者は、わたしたちを未知の領域への冒険へと駆り立てるドーパミン[★27]活性化サイクルのいくつかを明らかにしている。

丘の向こうにはどんな風景があるのだろう？　まだ見つかっていないことは何だろう？　宇宙論の研究者は、自分が何を知らないかを知っていると思える点で幸運だ。現在、宇宙のおよそ九五パーセントは、未知の物質であるダークマター[★28]――惑星や恒

★27――神経伝達物質の一つで、アミノ酸のチロシンから酵素によってつくられる。快感、爽快感、喜び、達成感などをもたらす原因となる脳内報酬系を活性化する働きをもつ。

星をつくる通常物質の五倍以上ある――と、宇宙全体に浸透する、さらに謎に包まれたダークエネルギー[★29]からなっている。他の研究領域で「ダークマター」が占める割合はどのくらいだろう？　同様に興味をひかれるのは、わたしたちが知っていること、知らないと思うことについて、時の経過が何を明かしてくれるかということだ。これらの未来の答えのいくつかは、現在と未来の社会が基礎研究をどれだけ重視し支援するかにかかっている、とわたしは考える。

基礎科学には支援する価値があることを、一般の人々に納得させるのは難しい。それには、この世界を学者の目で見ることの目的や価値を、広く知ってもらう必要がある。その目的と価値を伝えるのに最適な立場にあるのは、研究をおこなっている科学者や学者自身だ。なぜなら彼らは日々、研究所や研究室や教室で、そのスリルと興奮を味わっているからだ。つまり科学への公的支援を向上させるには、科学者自身が世間に向かって声を発し、現在探究されている科学の最前線の何がそれほどエキサイティングなのかを伝えなければならないのだ。前例のないデジタルのつながりと通信手段が発達した現代において、科学者は、最新の発見や個人的経験を含む情報を一般の人々に伝えることなく、社会に背を向けて研究に浸っているわけにはいかなくなった。

科学が喚起する大きな疑問は、日常の関心事とは無縁かもしれないが、そのような疑問に魅了された一般大衆の力は、科学者をおおいに後押ししてくれるはずだ。宇宙はどのようにして始まり、どのように終わるのか？　地球、あるいは宇宙のどこか別の場所で、生命はどのように始まったのか？　わたしたちの脳の中の何が、わたしたちに意識をあたえ、人間を人間たらしめているのか？　未来の世界はどうなるか？

★28——この宇宙に大量に存在すると考えられている正体不明の物質。現在発見されている素粒子でつくられているふつうの物質の五倍ほど存在すると考えられている。目には見えないが、重力の影響によって光を曲げる重力レンズ効果を観測することで、宇宙に広がるダークマターの三次元マップがつくられている。

★29——この宇宙は、ビッグバン以来ゆっくりと膨張し続けている。さらに一九九八年には、宇宙の膨張が加速しているという観測結果が報告された。宇宙の膨張を加速させている謎のエネルギーはダークエネルギーと呼ばれ、現在、世界中の研究者がその正体を突きとめようとしている。ちなみに、宇宙マイクロ波背景放射の精密観測から、この宇宙の組成が割り出されていて、ふつうの物質は四・九パーセント、ダークマターは二六・八パーセント、ダークエネルギーは六八・三パーセントとなっている。

好奇心と想像力は、全人類が共有する深遠な資質である。

アインシュタインは一九三九年の万国博覧会の演説の冒頭で、大衆を科学に引き入れることの大切さを強く訴えた。曰く、「科学がその使命をまっとうしようとするのであれば、芸術がそうであるように、その成果は人々の意識の表層だけでなく、深部へと浸透していかなければなりません」。アインシュタインは科学者に知識人という公的な性質を付与した立役者であり、自らの科学的洞察と国際問題についての意見を公にすることをいとわなかった。その際には、数式をつくるときと同じくらい細心の注意を払って、自分の意見や警告の言葉を練りあげた。

一方、フレクスナーは、そのような人目につく役割を担うのは得意ではなく、学者は孤独な環境にあってこそ能力を最大限に発揮できると信じていた。一九三三年、アインシュタインがプリンストンに落ち着くと、ルーズベルト大統領はさっそく、このアメリカでもっとも有名な移民をホワイトハウスに招いた。その招待状をアインシュタインに代わって受け取ったフレクスナーは、手紙で辞退を申し入れた。「アインシュタイン博士がプリンストンに来られたのは、世事から逃れて、静かに研究に没頭するためであり、否応なく博士を人目にさらすようなことは、例外的にであっても、許可できません」。この出来事の後、アインシュタインは自分宛ての郵便物には必ず自分で返信するようにした。

科学と社会との幅広い対話が必要なのは、財政支援を得るためだけではない。若者の心を惹きつけ、研究に参加させるためにも、それは欠かせないのだ。先に述べた通り、幅広く共有された知識は、将来のテクノロジー、革新、経済成長を育む肥沃な土壌になる。科学知識に通じた教養豊かな市民は、気候変動、原子力、予防接種、遺伝子組み換え食品といった「厄介な問題」に直面したときに、より責任ある選択ができるだろう。同様に科学者は、有害かもしれない技術の開発において責任ある行動をとれるよう、社会と対話しつづけなければならない。一般の人々を科学に関わらせることには、より次元の高い目標もある。それは、科学の文化である正確さの重視、真実の追究、批判的な質問、健全な懐疑主義、事実と不確実性の尊重、自然の豊かさと人間の精神に対する畏怖といったことを一般の人々が学ぶことによって、社会が向上していくことだ。

＊＊＊

物理学者ジョン・ホイーラーは、原子核とブラックホール★30の研究でよく知られるが、宇宙と人間の関係を説明するために大文字のUをよく描いた。Uの縦線の一方の上には目が一つあり、もう一方の縦線を見つめている。ホイーラーは、人間は宇宙の「目」だと言った。人間は自らもその一部である宇宙の幸運な観察者であり、そのみごとな光景を称賛している。美は、見る人の目の中にあり、世界と精神の美はわたしたちの内にある。実験と方程式、理論と望遠鏡、図書館と研究所は天から降ってきたものではない。それらはすべて、この地球上でつくり出されたものだ。人間の知性、好奇心、勇敢さが指数関数的な速度で科学の点と点をつなげ、人間の存在に関する謎により深く切り込めるようになった特別な時代に、わたしたちは生きている。

フレクスナーは、人間の本質とアイデンティティに関する根源的な問いに答えようとするときに、恐れを知らない思考がいかに助けになるかを、雄弁に記している。

「わたしはだれなのか？」「わたしはどこにいるのか？」「人間であるとはどういうことなのか？」人間の幸福という遠大な目標を実現するうえで、自由な思考は、知識を深めるための道具としてだけでなく、民主主義と寛容の重要な要素としても欠くことができない。束縛のない研究は、芸術のように精神を高揚させ、わたしたちの視座を日常から切り離し、慣れ親しんだものを新しい角度から見る方法を授けてくれる。文字通り、わたしたちの世界を変えるのだ。フレクスナーの言葉によれば、「人類の真の敵は恐れ知らずの無責任な思索家ではない。それは、その思索家の考えが正しかろうと間違っていようと関係ない。真の敵は、人間の精神を型にはめ、翼を広げさせないようにする人々なのだ」。

万国博覧会は、食洗機やテレビのはるか先を見ていた。それが想定した遠い未来は、会場に埋められたタイムカプセルが体現している。それは腐食に耐えて、五〇〇〇年

★30――太陽の二五倍以上の重さをもつ恒星が超新星爆発を起こした後にできる超高密度の天体。事象の地平面と呼ばれる境界を越えるとその強力な重力によって、光すらも脱出できなくなる。一般的にブラックホールというときは、事象の地平面より内側の領域を指す。

後に開けられる予定だ。中にはミッキーマウス柄のカップ、数冊の『ライフ』[★31]誌、一揃いのコイン、その他さまざまな日用品のほかに、アインシュタインが著した手紙が入っている。それには、当時の人間の進歩と過ちが記されており、アインシュタインは後世の人々がそれを「誇りと、正当な優越感」を覚えつつ読むことを願った。手紙の冒頭では、学問が人類に明るい未来をもたらすという、万国博覧会に浸透した考えが語られた。「わたしたちの時代は創造的な精神と、生活をかなり楽にする発明に満ちている」。

フレクスナーのエッセイは、いろいろな意味で、同様のタイムカプセルと見なすことができる。それが書かれた時代は、激動と懸念に揺れながらも、長期的な未来を楽観する雰囲気に包まれていた。振り返ってみれば、人間の好奇心に関する彼の観察が、現在の世界と関連があり、時機にかなっていることに驚かされる。それが明日の世界にも当てはまることは、容易に想像できよう。

★31——一九三六年に創刊されたアメリカの雑誌。写真を中心としたルポルタージュやエッセイを掲載し、フォトジャーナリズムの先駆け的な存在。

The Usefulness of Useless Knowledge

Abraham Flexner

役に
立たない
知識の
有用性

エイブラハム・フレクスナー

I

今の世界は、文明そのものさえ脅かす不合理な憎しみに満ちており、狂信者が苦痛や醜悪さや苦悶の種を撒き散らしているが、興味深いことに、男も女も老いも若きも、そんなことは起きていないかのように、日々の荒々しい生活から乖離して、美の追求、知識の拡充、病気の治療、苦痛の軽減などに献身している。この世界は悲しみと混乱に満ちているが、詩人や芸術家や科学者は、注視すれば身動きがとれなくなるような要因を無視して、創作や研究に励んでいる。実利的な観点から言えば、知的で精神的な生活は無益なように思えるが、それでも人がそのような生活にふけるのは、他では得られない大きな満足を得られるからだ。この論考では、無益な満足の追求が、夢想だにしなかった効用をもたらすことがどれほど多いかについて、語っていこう。

もう聞き飽きた話だが、現代は物質主義の時代で、その主な関心は有形の財や世俗的な機会を広く分配するところにある、と言われる。しかし、自分に落ち度はないのにそうした財や機会を得られなかった人は、当然ながら不満の声をあげる。その声が高まるにつれて、ますます多くの学生が、一つ前の世代が追究した研究から目をそらし、同じくらい重要だがより緊急性の高い、社会や経済や政策に関する問題の研究に目を向けるようになった。この傾向に異議を唱えるつもりはない。わたしたちが暮らすこの世界は、わたしたちが五感で実感できる唯一の世界だ。それをもっと良い世界、もっと公平な世界にしなければ、無数の人々は黙したまま、悲嘆と恨みを抱いて死んでいくことになるだろう。わたし自身、学生たちが生涯を過ごすことになるこの世界の動きに、学校はもっと敏感になるべきだと、長年にわたって訴えてきた。しかし今わたしは、その傾向があまりにも急速すぎるのではないか、世界に精神的な重要性を与えている「無益な」ものが失われたら、満ち足りた人生を送るための十分な機会は残るだろうかと、ときどき考えるようになった。つまり、「有益さ」という概念があまりにも狭くなり、人間精神の、自由で気まぐれであるがゆえの可能性を許容できなくなっているのではないか、と懸念しているのだ。

この問題は、二つの観点から見ることができる。すなわち、科学的観点と、人文的あるいは精神的観点だ。まず、科学の方から見ていこう。思い出すのは、数年前、ジョージ・イーストマン氏と交わした、有益さについての会話だ。イーストマンは思慮深く穏やかで先見の明がある人物で、音楽と芸術にも通じている。そして、巨額な私財を有益な学科の教育促進に役立てるつもりだと、かねてより語っていた。わたしは思いきって、科学において世界でもっとも有益な研究をした人物は誰だと思いますか、と尋ねた。彼は即座に、「マルコーニだ」と答えた。それに対して、わたしはこう言って、彼を驚かせた。「ラジオはいろいろな楽しみをもたらしますし、無線やラジオは人間の生活におおいに役立っていますが、それらに対するマルコーニの貢献は、取るに足らないものですよ」。

このときの彼の驚きようを、わたしは忘れないだろう。説明を求められ、わたしはこう答えた。

「イーストマンさん、マルコーニのような人物は、いずれ現れたでしょう。少なくとも、革新の土台となる業績を特定の人物に帰すことができるのであれば、無線の領域でなされたあらゆることの真の功労者は、クラーク・マクスウェル教授です。マクスウェルは一八六五年に電磁気の分野で、深遠で難解な計算をいくつかおこないました。そして八年後の一八七三年に、その抽象的な方程式を論文で発表しました。その後に開かれた英国学術協会の会合で、オックスフォード大学のH・J・S・スミス教授は、『どの数学者もこの論文のページを繰れば、そこに含まれる理論がすでに純粋

Column

イーストマンのコダックカメラ

現在、わたしたちが使用しているカメラのルーツは、中世のヨーロッパで使用されていたカメラ・オブスキュラといわれている。カメラ・オブスキュラとは、「暗い部屋」を意味するラテン語で、小さな穴を開けた暗い部屋に光が入ってくると、部屋の壁に外の風景が逆さまに投影される。当時、この装置は画家が風景を描くのに使われていた。その後、カメラ・オブスキュラは小さな箱でつくられ、より明るい像が得られるように小さな穴に凸レンズをはめるといった工夫が施されていく。一八二六年にはフランスのニエプス兄弟がアスファルトを感光剤とする世界初の写真を発明。一枚の撮影に八時間もの露光時間を要するものだった。一八三九年にはフランスのルイ・ジャック・マンデ・ダケールが銀めっきを施した銅を感光剤に選び、露光時間を三〇分程度に大幅に短縮することに成功した。さらに、一八五一年に、イギリスのフレデリック・スコット・アーチャーが液体の感光剤を塗ったガラスの板で撮影する湿板写真を発表し、三〇秒程度の露光時間で鮮明な

写真を撮影できるようになった。一八七一年には、イギリスのリチャード・リーチ・マドックスがゼラチンを用いた臭化銀の感光乳剤を開発し、より扱いやすい乾板写真が登場した。乾板は感光乳剤を事前に塗っておくことができるので、一八七〇年代には、イギリスで乾板を製造、販売する会社がたくさん設立され、その流れはアメリカにも伝わった。

アマチュア写真家だったジョージ・イーストマンは、一八八一年に乾板の製造、販売をおこなうイーストマン・ドライ・プレート社を設立。一八八四年、イーストマンは、ガラス板ではなく、ロール状のフィルムに感光乳剤を塗り、ホルダーに巻いて収納するロールフィルムを考案。写真フィルムの登場によって、フィルムに連続撮影した写真を連続して投影することで、画像を動かす映画へとつながっていった。イーストマンは、一八八八年に世界初のロールフィルムを充填したコダックカメラを発売。一〇ドルで撮影したフィルムを現像し、新しいフィルムを装填して返却するというサービスを開始し、写真愛好者の裾野を広げた。一八九二年には社名をイーストマン・コダックに変更し、世界的なフィルムメーカーへと成長していった。

コダックカメラのポスター
©Ann Ronan Picture Library/Photo12 via AFP

数学の手法と題材に大きく貢献していることに、気づくはずです』と断言しています。この段階で、マクスウェルの研究は理論的なものでしたが、続く一五年間でさまざまな発見がなされ、彼の理論を補完しました。そしてついに一八八七年と一八八八年に、まだ残っていた科学的問題、つまり無線信号を運ぶ電磁波の検出と実証が、ベルリンのヘルムホルツ研究所で研究していたハインリッヒ・ヘルツによって解決されました。マクスウェルもヘルツも、自らの研究が何の役に立つかといったことには関心がありませんでした。そのようなことは考えもしなかったのです。彼らに、実用的な目的はありませんでした。法的な意味での発明者はもちろんマルコーニですが、マルコーニは何を発明したのでしょう？　それは最後の技術的細部だけで、しかも彼が改良したコヒーラ検波器は、今となっては時代遅れで、ほとんど使われていません」。

ヘルツとマクスウェルは何も発明できなかったが、彼らの理論的研究を、器用な技術者が借用して新しい通信と効用と娯楽の手段を生み出した。その結果、たいして貢献もしていない人々が名声と巨万の富を得るに至ったのだ。さて、有益な人物はだれだったか？　マルコーニではなく、クラーク・マクスウェルとハインリッヒ・ヘルツ

Column

コヒーラ検波器

金属の粉末をガラス管の中に封入した部品で、電波（電磁波）を受信するためのもの。金属の導電性を研究していたフランスのエドアール・ブランリーが、一八九一年にニッケルの粉末に電磁波が到達すると、電流が流れやすくなるという現象を発見し、一八九四年にイギリスのオリバー・ロッジがすぐに検波器として応用した。

コヒーラとは、「密着する」という意味の英語。この現象が発見された当初、電波が到達することで、バラバラにあったニッケルの粉末が密着すると考えられたことから、コヒーラと名づけられた。ただし、ブランリーも、ロッジも、コヒーラの特許を出願していなかった。そのため、一八九六年にマルコーニが特許を取得した。ロッジは、たくさんの電波の中から特定の電波を選択的に受信する技術で特許を取得していた。

マルコーニもロッジの技術をベースにして特許を取得したが、この特許の権利を巡って、マルコーニとロッジは争い、訴訟へと発展する。この訴訟は、マルコーニが負け、一九一一年にマルコーニはロッジを顧問として迎え、彼の特許を一万八〇〇〇ポンドで買い取った。マルコーニは、無線通信を実用化し、ノーベル物理学賞を受賞した。

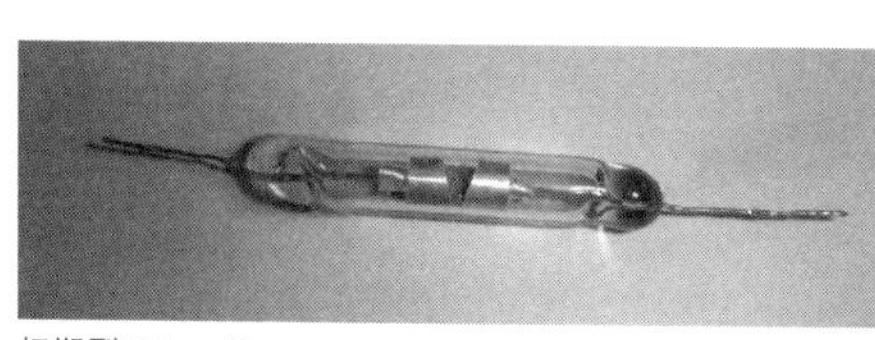

初期型コヒーラ

だ。ヘルツとマクスウェルは有用性などまったく考えない天才だった。一方、マルコーニは、用途のことだけを考える器用な発明家だった。

イーストマンはヘルツの名前からヘルツ波を思い出したので、わたしは彼に、ロチェスター大学〔訳注：イーストマンが多額の寄付をおこなっていた〕の物理学者たちにヘルツとマクスウェルの業績は何かと尋ねてみてはいかがでしょう、と提案した。そして、こう言い添えた。「けれども、ただ一つ確実なのは、ヘルツとマクスウェルは、実用的価値など考えていなかったということです。さらには、科学の歴史を通して、後に人類にとって有益だと判明する真に重大な発見のほとんどは、有用性を追う人々ではなく、単に自らの好奇心を満たそうとした人々によってなされた、ということです」。

「好奇心ですか？」とイーストマン氏は尋ねた。

「そうです」とわたしは答え、こう続けた。「好奇心は、結果的に役に立つか否かにかかわらず、おそらく近代的思考のとりわけ優れた特徴です。それは新しいものではなく、ガリレオ、ベーコン、アイザック・ニュートン卿にまでさかのぼれます。そして、けっして制約されてはならないものなのです。教育機関は好奇心の育成に務めるべきであり、好奇心は有用性の追求から解放されるほど、人間の幸福のみならず、同じく重要な知的関心の満足に寄与しやすくなります。その知的関心こそが、現代の知的生活を支配する情熱だと言えるでしょう」。

II

一九世紀末に、ヘルムホルツ研究所の片隅で人知れず静かに研究をつづけたハインリッヒ・ヘルツについて言えることは、過去数世紀における世界中の科学者や数学者についても言えるだろう。わたしたちは電気がなければ何もできない世界に生きている。即座に世界を変えた最大の実用的発見が電気だということは、誰もが認めるだろう。しかし、この百年にわたる電気の発展すべての源になった、基本的な発見をしたのは誰だろう?

その答えは興味深い。マイケル・ファラデーの父親は鍛冶屋で、マイケル自身は製本職人の見習いだった。一八一二年、二一歳になっていた彼は、友人に誘われて王立研究所[★1]へ行き、ハンフリー・デイヴィー卿の化学に関する講演を四回、聴いた。ファラデーはメモを取り続け、そのノートをデイヴィー卿に送った。翌年の一八一三年、彼は、デイヴィー卿の研究室の助手になり、化学の問題に取り組み始めた。二年後には、デイヴィー卿に付き添ってヨーロッパ大陸を旅行した。一八二五年、三四歳のときに王立研究所の実験所長となり、五四年間をその地位で過ごした。

まもなく、ファラデーの関心は化学から電磁気に移り、彼はその後の全生涯を、その研究に投じた。電磁気の分野ではすでに、エルステッド、アンペール、ウォラストンが、重要な研究をおこなっていたが、いくつも謎が残っていた。ファラデーはそれらの問題を解決し、一八四一年までに電磁誘導[★2]に成功した。四年後、彼は偏光[★3]への磁気の影響[★4]を発見し、そのキャリアに二つ目の偉業を刻んだ。一つ目の発見である電磁誘導は、無数の実用的応用をもたらし、電気は現代生活の負担を減らし、機会を増やした。しかし二つ目の発見は、これまでのところ実用的な結果にそれほどつながっていない。それをファラデーは気にしただろうか？　少しも気にしなかった。その傑出したキャリアのどの時点においても、彼は有用性を気にしなかった。彼はこの世界の謎を解き明かすことに熱中し、まずは化学の謎に、後には物理の謎に取り組んだ。ファラデーの周辺で、有用性が話題になることは皆無だった。少しでもそれを気にしていたら、彼の底なしの好奇心は制限されていただろう。最終的に彼の発見は実生活に役立ったが、有用性は、彼のたゆみない実験を評価する基準にはなり得なかったのだ。

今日の世界を覆う雰囲気の中にあって、強調しておくべきは、戦争をより破壊的でより悲惨なものにする上で科学が果たした役割は、科学活動の無意識の副産物であり、科学者は誰もそれを意図していなかった、ということだ。英国学術協会会長のレイリ

★1――一七九九年にイギリスで設立された、科学教育、科学研究の機関。

★2――コイルの中に磁石を入れたり出したりして磁場を変化させることで、電流が生じる現象。

★3――光を始めとする電磁波は、進行方向に直交するように電場や磁場が発生して、それらが振動しながら空間を進んでいく。通常の光には、電場や磁場がさまざまな向きに振動するものが含まれている。それに対して、電場や磁場が一定の方向のみに振動している光が偏光である。

★4――ガラス棒にコイルを巻いて、電流を流すとガラス棒の長さ方向に沿って磁場ができる。このガラス棒に偏光面が一つの面に限られた直線偏光を通すと、磁場の影響で偏光面が回転する。この現象は、ファラデーによって発見され、ファラデー効果と呼ばれている。

ー卿〔訳注：第四代〕は最近の演説で、近代の戦争で破壊的兵器が使用されたのは、人間の愚かさゆえであり、科学者がそれを意図したわけではなかったことを、くわしく述べている。炭素化合物についての悪意のない化学的研究は、有益な発見を数え切れないほどもたらした。たとえば、硝酸をベンゼン、グリセリン、セルロースなどに作用させると有益なアニリン染料[5]が生まれるだけでなく、善悪どちらの目的でも使えるニトログリセリン[6]が生まれることが明らかになった。少し遅れて、同じテーマに取り組んだアルフレッド・ノーベルは、ニトログリセリンを他の物質と混ぜると、安全に扱える固体爆薬をつくれることを発見した。その代表格がダイナマイト[7]だ。ダイナマイトは、大規模な採鉱や、アルプスなどの山脈さえ貫通する鉄道トンネルの建設を可能にしたが、言うまでもなく政治家や軍人によって悪用された。しかし科学者たちは、地震や洪水に対して責任がないように、この件についても非難されるべきではない。同じことが毒ガスについても言える。二千年近く前に、プリニウスはヴェスヴィオ山噴火[8]で生じた二酸化硫黄を吸いこんで亡くなった。科学者が塩素を分離したのは、軍事目的ではなかったし、マスタードガス[9]についてもそれは真実だ。これらの物質は有

★5――アニリンは、フェニルアミン、アミノベンゼンなどとも呼ばれる芳香族化合物。このアニリンからつくられた合成染料をアニリン染料という。一八五六年にイギリスの有機化学者ウィリアム・パーキンによってアニリンからつくられた紫色の染料モーヴが、世界初の合成染料。現在は、アニリンからつくられたものではない合成染料も含めて、合成染料全般のことをアニリン染料ということもある。

★6――一八四六年にイタリアの化学者アスカーニオ・ソブレーロが発明した世界初の合成火薬。ニトログリセリンは、不安定でとても爆発しやすい物質で、研究していたソブレーロ自身も爆発によって顔に大きな怪我を負った。しかも、液体であるため、実用的な火薬ではなかった。

★7――ニトログリセリンを珪藻土に吸収させることで、安定化させたもの。ノーベルは、これに起爆管をつけることで、爆発をコントロールした。珪藻土は爆発しにくい物質であることから、爆発性ゼラチンが発明されてからは、爆発性ゼラチンによって、より爆発力の高いダイナマイトがつくられるようになった。ダイナマイトは、鉱山での採掘や土木工事などに広く使われたが、同時に、戦争にも使用されるようになり、ノーベルには死の商人というイメージがつきまとった。

★8――ナポリから東へ九キロメートルほど離れたナポリ湾岸に位置する火山。七九年に発生した大噴火によって、古代ローマ帝国の都市ポンペイは一夜にして消滅してしまった。プリニウスもこの噴火によって亡くなった。

★9――化学兵器の一つ。硫化ジクロロジエチルが主成分で、常温では無色、無臭の液体。皮膚をただれさせ、消化管などに障害を起こす。マスタードガスという名前は、不純物を含むとマスタードに似た臭いがすることからつけられたとされている。マスタードガスは、ドイツ人化学者ヴィクトル・マイヤーが農薬を開発する過程で合成法が確立されたものだが、毒性が強いために開発は中断された。その後、ドイツ軍が第一次世界大戦に化学兵器として使用した。

益な用途に限って使うこともできたはずだ。同様に、飛行機が完成すると、頭がいかれた邪悪な人々は、それが攻撃の道具になることに気づいたが、飛行機もまた、長きにわたる無私の努力の成果であり、邪心のない発明だった。飛行機を発明した人々は、それを攻撃の道具にすることは想像していなかったし、もちろんそれを目指したわけでもなかった。

高等数学の分野では、ほぼ無数に例を挙げることができる。たとえば、一八世紀と一九世紀におけるもっとも深遠な数学研究は「非ユークリッド幾何学」である。考案者のガウスは、傑出した数学者として同時代の人々に認められていたが、「非ユークリッド幾何学」に関する研究を、四半世紀後まで公表しようとしなかった。実のところ、無限の有用性をそなえた相対性理論は、ゲッティンゲンでのガウスの研究がなければ、成り立たなかっただろう。

また、現在、「群論[★10]」として知られるものは、かつては抽象的で有用性のない数学理論だった。それは好奇心の強い人々が、好奇心に引かれて踏み込んだ奇妙な小道で発展させた理論だ。ところが現在では、「群論」は量子論における分光学の基盤になっており、その出自など考えたこともない人々によって日々利用されている。確率解析は、ギャンブルを合理的に扱おうとした数学者たちによって発見された。彼らの狙いは外れたが、確率解析はあらゆる保険業に科学的基盤を提供した。また、一九世紀物理学の広範な領域がこの理論に基づいている。最近の『サイエンス』誌から、次の一節を引用しよう。

アルバート・アインシュタイン教授の天才としての地位がさらに高まったのは、この学識高い数理物理学者が一五年前に発展させた数学が、現在、絶対零度付近におけるヘリウムの驚くべき流動性の謎を解くのに役立っていることが明らかに

★10——対象物の集まり（集合）で、群の公理を満たす形で対象同士を結びつける方法をもっているものを群という。群論は、群を研究する学問分野。一八三〇年代に、フランスの数学者エヴァリスト・ガロアが代数方程式の解の公式が存在するかどうか判定するために、群を導入した。その後、幾何学、解析学、代数的整数論などに群が導入されていった。結晶、原子、分子の構造などは、「対称性の群」で表現できるものが多く、物理学や化学の研究にも群論は活用されている。

なったからだ。アメリカ化学会の分子間作用に関するシンポジウムで、以前はパリ大学教授で現在はデューク大学客員教授であるフリッツ・ロンドン教授は、「理想」気体の概念はアインシュタインが構築したものであり、それは彼が一九二四年と一九二五年に発表した論文に登場する、と述べた。

アインシュタインの一九二五年の論文は、相対性理論に関するものではなく、当時は実用的意義はまったくないと思われたテーマ、すなわち、極低温における「理想」気体の縮退について論じていた。しかし、あらゆる気体は一定の温度で液体になることがわかっていたため、当時の科学者は、アインシュタインのその研究をほぼ無視した。

しかし、最近になって液体ヘリウムのふるまいが発見され、これまで傍流だったアインシュタインの概念に、新たな有用性が生まれた。ほとんどの液体は、冷却されると粘度を増し、どろりとした流れにくい状態になる。「一月の糖蜜より冷たい」〔訳注：動きがきわめて遅い、という意味〕という表現は、世間の人々の粘度に対する見方であり、的を射ている。

Column

非ユークリッド幾何学

幾何学は、図形や空間の形や性質について研究する数学の分野。その源流を遡ると、紀元前三〇〇年頃にアレキサンドリアのユークリッドが記した数学書『原論』に行きつく。ユークリッドは証明の前提となる公準や公理といった仮定をくわしく記し、これらの仮定から出発して、すべての結果を導きながら証明していく。この手法は、現代数学に近いもので、幾何学はユークリッドのまとめた体系に基づいて研究されていった。ユークリッドが扱っていたのは、わたしたちが直感的に理解しやすい、平面は平坦で、直線はまっすぐ伸び、平行線は交わらない空間を前提としていたもので、二〇〇〇年以上、唯一の幾何学として知られてきた。

しかし、一八三〇年頃に、ニコライ・ロバチェフスキーとボヤイ・ヤノーシュがそれぞれ独立して、ユークリッドの仮定が当てはまらない非ユークリッド幾何を発見し、球体の表面のような平坦ではない空間での幾何学を考えることができるようになった。一八五〇年代にはドイツの数学者ベルンハルト・リーマンが、さまざまな曲がった空間で利用できるリーマン幾何学を確立した。リーマン幾何学は、アインシュタインが一般相対性理論を完成させるために重要な役割を果たしている。非ユークリッド幾何学の誕生によって、幾何学の対象は広がり、微分幾何学、位相幾何学などの新しい分野が生まれている。

しかし、液体ヘリウムは悩ましい例外だ。「ラムダ」点と呼ばれる、絶対零度のわずか二・一九度上の温度になると、液体ヘリウムは高温時より流れやすくなり、それどころか、気体のような雲状になる。さらに奇妙なのは、液体ヘリウムは熱伝導性がきわめて高いことだ。「ラムダ」点では、その熱伝導性は、室温の銅の五〇〇倍にもなる。こうした例外的な性質のせいで、液体ヘリウムは物理学者や科学者にとって大きな謎になっていた。

ロンドン教授は、液体ヘリウムのふるまいを理解するには、それをアインシュタインの「理想」ボース気体と見なすのが最善であり、それには一九二四年から一九二五年にかけてアインシュタインが研究した数学と、金属の伝導性に関する概念をいくつか応用するとよい、と述べた。液体ヘリウムの驚くべき流動性は、シンプルなたとえ、つまり電気伝導の説明に用いる金属の中をさまよう電子のようなものを思い描くことで、部分的に説明できる、というのだ。

ここで別の方向へ目を向けてみよう。医学と公衆衛生の分野では、半世紀にわたっ

Column

ボース気体

すべての物質は原子や分子などの粒子によってできている。もちろん、気体もたくさんの粒子によって構成されている。気体を構成する粒子は、フェルミ粒子とボース粒子に分けられる。電子、陽子、中性子などはフェルミ粒子に分類される。一方、ボース粒子に分類されるのは、光子、水素原子などがある。

フェルミ粒子で構成される気体はフェルミ気体、ボース粒子で構成される気体はボース気体と呼ばれる。液体ヘリウムの超流動現象は、一九三七年にロシアの物理学者ピョートル・カピッツァにより発見されたもの。このとき、超流動が見られたのは、陽子と中性子が二つずつ結合したヘリウム4で、ヘリウム4はボース粒子であるために、極低温状態にすることで、たくさんのヘリウム原子が重なり合って、一つの大きな原子としてふるまうボース・アインシュタイン凝縮を起こすと考えられている。カピッツァはこの功績により、一九七八年にノーベル物理学賞を受賞した。

また、ヘリウムの同位体であるヘリウム3はフェルミ粒子であるために、極低温状態にしても、超流動を起こさないと考えられていたが、一九七二年にアメリカのデビット・リー、ダグラス・オシェロフ、ロバート・リチャードソンによって、ヘリウム3も超流動を起こすことが発見された。この三人には、一九九六年にノーベル物理学賞が贈られている。

て細菌学が先導的な役割を果たしてきた。それはどのような物語だったのだろうか。一八七一年に普仏戦争が集結した後、ストラスブールはドイツ領になり、ストラスブール大学は「ヴィルヘルム皇帝大学」と改名された。その初代解剖学教授は後にベルリン大学の解剖学教授になったヴィルヘルム・フォン・ヴァルダイアーである。彼の『回想録（*Reminiscences*）』には、ストラスブール大学での最初の学期に彼のもとで学んだ学生の中に、小柄で目立たない、内向的な一七歳の若者、パウル・エールリヒがいたと記されている。当時、解剖学の通常の講義は、解剖と組織の顕微鏡検査からなっていた。エールリヒは解剖にはほとんど興味を示さなかったが、ヴァルダイアーは『回想録』で次のように述べている。

わたしはかなり早い時期に、エールリヒが長く机に向かい、顕微鏡での観察に没頭していることに気づいた。彼の机は次第にさまざまな色の斑点で覆われていった。ある日わたしは、座って作業をしている彼に近づき、「机の上が虹のようなありさまだが、いったい何をしているのか」と尋ねた。すると、解剖学の通常課程を履修してまだ一学期もたっていないこの若者は、顔を上げて平然と、「Ich probiere」と言った。「ぼくは試しているところです」とか、「ちょっと遊んでいるだけです」という意味だ。わたしはこう返事をした。「よろしい。その遊びを続けなさい」。まもなくわたしは、エールリヒは非凡な学生であり、わたしが教えたり指示したりする必要はないことを悟った。

ヴェルダイアーは賢明にもエールリヒに干渉しなかった。エールリヒは医学部のカリキュラムをあぶなっかしく進み、最終的に学位を得たが、それは主に、彼にはその学位を利用して医者になるつもりはないことを、教師たちが知っていたからだ。その後、エールリヒはヴロツワフ大学[★11]へ行き、コーンハイム教授のもとで研究をおこなった。コーンハイム教授は、ジョンズ・ホプキンス医学校の創設者で創立者でもあるウ

★11——ポーランドのヴロツワフにある研究大学。イエズス会の運営する小さな学校から発展して、ポーランド最大の学術機関の一つとなった。

イリアム・ヘンリー・ウェルチ博士の師にあたる人物だ。エールリヒが有用性について考えたことは一度もなかったはずだ。彼は好奇心に導かれるまま、遊び続けた。もちろん、その遊びは、深い洞察に導かれたものだったが、あくまで科学的な動機によるものであり、利益を目指したわけではなかった。その結果はどうなっただろう？コッホらが確立した細菌学という新しい科学において、エールリヒが開発した技術は、学友で従兄弟のカール・ワイゲルトによって細菌の染色に応用され、細菌の区別に役立った。エールリヒ自身は、血液フィルムを染める方法を発明し、それは赤血球や白血球の形態に関する現代の研究を支えている。今では世界中の病院で、毎日のように、エールリヒの技術を用いた血液検査が行われている。つまり、ストラスブール大学のヴェルダイアーの解剖室における無目的な遊びは、日々の医療行為の重要な要素になっているのだ。

産業界からも、一つ例を挙げよう。もっとも、それは無数にあるので、その中から適当に選んだ例にすぎない。ピッツバーグにあるカーネギー工科大学〔訳注：現カーネギーメロン大学〕のベルル教授は、次のように記している。

近代レーヨン産業の創始者は、フランスのシャルドネ伯爵である。よく知られるように、彼は硝化綿をエチルアルコールに溶かし、そのねばねばした溶液を、細管から水中に押し出すことで、ニトロセルロースの繊維を凝集させた。凝集した繊維は、水から出してボビンに巻かれる。ある日、シャルドネはブザンソンにある自分の工場を視察した。たまたま事故が起きて、ニトロセルロースを凝集させる水が止まっていた。作業員は、むしろ水を使わないほうが、紡績作業がはるかにスムーズに進むことに気づいた。こうして乾式紡糸というきわめて重要なプロセスが誕生し、現在では大規模におこなわれている。

Ⅲ

もっとも、わたしは、研究室でおこなわれるすべてのことが、いずれ思いがけない形で実用化されるとか、最終的に実用化されることがその正当性の証だとか、言っているわけではない。そうではなく、「有用性」という言葉を捨てて、人間の精神を解放せよ、と主張しているのだ。実のところ、そうすれば、無害な変人たちが好き勝手をして、貴重な研究費をいくらか浪費するのは確かだ。しかし、そうした無駄があったとしてもなお、人間精神の束縛を解き、かつてヘールやラザフォードやアインシュタインやその仲間を何百万マイルも離れた宇宙の深淵へと導き、あるいは原子に閉じ込められた無限のエネルギーを解放させたような自由な冒険へ、今ふたたび送り出すことはきわめて重要だ。ラザフォードやボーアやミリカンなどが純粋な好奇心から、原子の構造を理解しようとしておこなったことが、人間の生活を一変させるほどの力を解放した。しかし、この最終的な、想定外で予測不能な有益な結果は、ラザフォードやアインシュタインやミリカンやボーアやその他の仲間の努力を、正当化するためのものではない。彼らの好きにさせよう。いかなる研究機関も、彼らに進むべき方向を指し示すことはできない。もう一度認めるが、それは莫大な無駄のように思える。しかし、実際はそうではない。細菌学が発展する過程で生じた無駄のすべてを合わせても、パスツール、コッホ、エールリヒ、セオボールド・スミス、その他大勢がもたらした進歩に比べれば、微々たるものだ。その進歩は、もし有用性という考えが彼らの心を埋めていたら、けっして生まれなかっただろう。これらの偉大なアーティストたち——科学者や細菌学者はまさにアーティストだ——は、研究室では一般的な、自らの好奇心にしたがって進むという精神を広めたのだ。

わたしは、技術学校や法学校のように、有用性という動機が優先される機関を批判しているわけではない。しばしば流れは逆転し、産業界や研究室で発生した実務上の難題が理論的探究を刺激し、その難題が解決されるかどうかは別として、新しい展望が開けたりもする。その展望は、その時は役に立たなくても、往々にして、将来の実用や理論における偉業を導く。

「役に立たない」知識や理論的知識が急速に蓄積された結果、現在では、実務的な問題を科学的精神によって解決できる状況が増えてきた。発明家だけでなく、「純粋」な科学者も、このゲームに心を奪われている。先ほど「発明家マルコーニ」について述べた。彼は人類に恩恵をもたらしたが、実際は、「他人の知性を拝借した」にすぎない。エジソンも同じ範疇に入る。しかしパスツールは違う。パスツールは偉大な科学者だった。しかし彼は実務的な問題——たとえば、フランスのブドウの状態やビール醸造の問題など――に取り組むことを厭わず、目先の難題を解決しただけでなく、その実務的問題から遠大な理論的結論を導いた。それは当時は「役に立たない」ものであっても、後に思いもよらない方法で「役に立つ」可能性があった。エールリヒは生来の強い好奇心に導かれて、梅毒の問題に敢然と立ち向かい、それをとことん追究して、即効性のあるサルバルサン[★12]という特効薬を発見した。バンティングによる糖尿病治療に使用するインスリン[★13]の発見や、マイノットとウィップルによる悪性貧血に使用する肝臓抽出物の発見も同様だ。いずれも完全に科学的な人々による発見だが、彼らは、多くの「役に立たない」知識が、有用性に無関心な人々によってすでに積み重ねられ、科学的方法で実務的問題を解決する好機が訪れていることに気づいたのだ。

こうして見てくると、科学的発見をただ一人に帰そうとする際には注意が必要であることがわかる。ほぼすべての発見には、長く、不確かな歴史がある。こちらでだれかが少し発見し、あちらで別のだれかが少し発見する。つづいて第三の発見がなされる、という具合に進んでいくうちに、やがて一人の天才がばらばらだったピースを一つにまとめ上げ、決定的な発見をする。科学はミシシッピー川のように、遠い森の中の小さな流れから始まる。次第に他の流れが加わって、水嵩が増していく。そして、無数の源流が集まり、やがて堤防を決壊させるほどの力強い川が形成される。

この側面について、ここで深く掘り下げることはできないが、とりあえずこう述べることはできるだろう。百年あるいは二百年という単位で見れば、専門的教育機関がそれぞれの分野に対しておこなう貢献は、明日の実務的な技術者や弁護士や医師を育てることではなく、むしろ、厳密に実務的な目的を追求するなかにあっても、膨大な量の一見役に立ちそうにない活動をつづけていくところにあるのだ。こうした役に立

★12――パウル・エールリヒと秦佐八郎が共同で開発した梅毒の治療薬。世界初の化学療法剤である。ドイツのヘキスト社から発売された。日本は当初、この薬剤をドイツから輸入していたが、一九一三年にタンバルサン、アーセミンなどの名前で国産のサルバルサン製剤が発売された。

★13――すい臓のランゲルハンス島と呼ばれる細胞群から分泌されるホルモンで、血中のブドウ糖を細胞に取りこみ、エネルギー源として利用するように促し、血糖値を下げる効果がある。糖尿病は、紀元前の古代エジプトや古代インドの文書でも記述されている長い歴史をもつ病気だ。日本では、光源氏のモデルとされる藤原道長も糖尿病だったといわれている。バンティングたちがインスリンを発見して以来、糖尿病の研究が急速に進み、複雑な病態や血液中の糖分調整に関するメカニズムなどがくわしく解明されるようになった。

たない活動から発見が生まれる可能性があり、それはその教育機関に課された実務的な目的を果たすことよりも、人間の心と精神にとってはるかに重要なことであるだろう。

ここまでに述べてきた考察が強調するのは――強調するまでもないかもしれないが――精神と知性の自由こそ、圧倒的に重要だということだ。わたしは実験科学や数学について語ってきたが、この主張は、音楽や芸術など、制約されない人間精神が表出するあらゆる活動に等しく当てはまる。そのような活動は、自らを磨き向上しようとする人の魂に満足をもたらすというだけで、十分に正当化される。そして暗黙にも

Column

インスリンの発見

大学を卒業後、開業医と医科大学の助手の仕事をしていたフレデリック・バンティングは、すい臓に散在するランゲルハンス島という特殊な細胞群から糖尿病に関係するホルモンが分泌されているのではないかと考えた。バンティングは、母校であるトロント大学の教授であったジョン・マクラウドに相談し、マクラウドが休暇中に彼の研究室を借り、当時医学生だったチャールズ・ベストと共に、イヌのランゲルハンス島から分泌されてい

るホルモンを抽出する実験に取り組んだ。バンティングが研究室を借りる期間は八週間だったが、実験はその間には終わらなかった。だが、マクラウドはそのことを咎めず、実験を続けさせた。そして、バンティングとベストは、イヌのランゲルハンス島からインスリンを抽出することに成功した。

その後、研究室を貸していたマクラウドは、バンティングとベストの研究に全面的に協力し、生化学者のジェームス・コリップも加わり、インスリンを大量に抽出する方法を開発した。コリップは、インスリンの投与量の改善、毒性の除去などに尽力し、糖尿病に対する有効な治療法を確立していった。

インスリンの発見の功績に対し、バンティングとマクラウドには一九二三年にノーベル生理学・医学賞が贈られた。だが、バンティングは、初期から共同研究をしていたベストが受賞できなかったことに抗議する意味をこめて、ベストと賞金を分けたという。マクラウドは「研究室を貸しただけでノーベル賞を受賞した」と揶揄されることもあるが、彼やコリップがいなければ、インスリンの発見や治療法の確立などは大幅に遅れていただろう。

ベスト（左）とバンティング（右）

実際にも、有用性に言及することなくそれらを正当化できるのであれば、大学や研究機関も同じく正当化できる。幾世代もの人間の魂を解放してきた大学や研究機関は、卒業生のだれそれが人間の知識に役立つ貢献をしてもしなくても、十分に正当化されるべきなのだ。詩、交響曲、絵画、数学的真理、新しい科学的事実はすべて、それらの機関が必要とし要求する正当性を、それ自体の内に備えている。

ここでわたしが論じているテーマは、現時点では奇妙な痛切さを帯びている。と言うのも、現在、かなり広い地域、とくにドイツとイタリアで、人間精神の自由を締めつけようとする取り組みが進行中なのだ。大学は、特殊な政治、経済、人種的教義を奉じる人々の道具になろうとしている。さらには、この世界に残された数少ない民主主義国でも、思慮に欠ける人物が、制約のない自由な学問の重要性を疑問視することがある。人類の真の敵は恐れ知らずの無責任な思索家ではない。それは、その思索家の考えが正しかろうと間違っていようと関係ない。真の敵は、人間の精神を型にはめ、翼を広げさせないようにする人々なのだ。そうした翼は、かつてはイギリスやアメリカだけでなく、イタリアやドイツでも広げられていた。

これは新しい考えではない。ドイツがナポレオンに征服されようとしていたときに、フォン・フンボルトが奮起してベルリン大学を設立したのは、この考えに突き動かされたからだ。ダニエル・ギルマンがジョンズ・ホプキンス大学を創設した背景にも、この考えがあった。また、アメリカのあらゆる大学は、多かれ少なかれこの考えにしたがって、自らを改革しようとしてきた。この考えは、自らの不滅の魂に価値をおく人なら誰でも、自分の身にどのような影響がおよぼうとも、忠実であろうとするものだ。精神の自由を重んじることは、科学分野であれ、人文学分野であれ、独創性よりはるかに重要である。なぜなら、それは人間どうしのあらゆる相違を受け入れることを意味するからだ。人類の歴史を前にしたとき、人種や宗教による好き嫌いほど愚かで滑稽なことがあるだろうか。人間が交響曲や絵画や深遠な科学を求めるのは、それらに人間の魂の無限の豊かさを感じるからではないだろうか。それとも、キリスト教徒、ユダヤ教徒、イスラム教徒、エジプト人、日本人、中国人、アメリカ人、ドイツ人、ロシア人、共産主義、保守派といったそれぞれの民族や集団による、芸術や科学への貢献、あるいはそれらの表出を求めているのだろうか。

外国人への不寛容がもたらしたもっとも印象的で即時的な結果として、プリンストン高等研究所の急速な発展をあげたいと思う。それはルイス・バンバーガー氏とその妹のフェリックス・ファルド夫人〔訳注：キャロライン・バンバーガー〕が、ニュージャージー州プリンストンに設立した研究所である。創設が提案されたのは、一九三〇年のことだった。プリンストンに設立したのは、一つには、創設者がニュージャージー州を気に入っていたからだが、わたしがプリンストンを推したのは、そこには質の高い小規模な大学院があり、緊密な連携が可能だったからだ。この研究所は、感謝しても し切れないほどの恩恵を、プリンストン大学から受けている。ある程度の人材が揃って、研究所が機能しはじめたのは、一九三三年だった。研究者には著名なアメリカ人学者もいる――数学者のヴェブレン、アレキサンダー、モース、人文学者のメリット、ロウ、ゴールドマン女史、国際法学者と経済学者にはスチュワート、リーフラー、ウォーレン、アール、ミトラニー。さらに、すでにプリンストン大学や同大学付属の図書館や研究所に所属している等しく優秀な学者や科学者を加えるべきだろう。しかし、高等研究所はヒトラーの恩恵も受けている。なぜなら、数学者のアインシュタイン、ワイル、フォン・ノイマン、人文科学の分野ではハーツフェルドやパノフスキーは、ヒトラーのおかげでアメリカに来たのだから。さらに過去六年間に、この傑出した人々の影響を受けて、数多くの優秀な若者がアメリカにやってきて、すでに国内のあらゆる場所でアメリカの学問強化に尽力している。

プリンストン高等研究所は、組織としては、考え得る限りもっともシンプルでもっとも形式にとらわれていない。数学部、人文学部、経済政治学部という三つの学部があり、それぞれ常任の教授団と毎年変わるメンバーで構成され、運営は各学部の裁量に任されている。各グループ内では、個人は自分の時間とエネルギーを好きなように使う。すでに国外二二カ国とアメリカ国内の三九の高等教育機関からやって来た研究者が滞在を許可されており、彼らはその価値があると認められれば、いくつかのグループに受け入れられる。彼らは教授たちとまったく同じ自由を享受する。自分で教授を選び、交渉して、一緒に研究することもできるし、一人で研究をおこないながら、ときおり、助けてくれそうな人に相談することもできる。決まりごとはなく、教授、メンバー、ビジターの区別もない。この研究所のメンバーおよび教授と、プリンストン大学の学生および教授は、自由に入り混じっていて、区別がつかないほどだ。そのようにして、学びが深められていく。それがもたらす個々人や社会への結果は、成り行きに任せられている。教授会は開かれず、委員会も存在しない。こうしてアイデアのある人々は、熟考と話し合いに適した環境を享受する。数学者は気を散らされることなく数学の探究に励むだろう。人文学者も経済学者も政治学者も、同じくそれぞれの分野に没頭できる。管理部門は、規模も重要性も最小限に抑えられている。この研究所では、アイデアをもたない人やアイデアに没頭できない人は、居心地が悪いことだろう。

この点をよりはっきりさせるために、いくつか実例を挙げよう。あるハーバード大学の教授が、給付金を得てプリンストンに来ることになった。彼は手紙でこう尋ねてきた。

「わたしの職務は何ですか？」

わたしは答えた。「職務などありません。あるのは機会だけです」

プリンストンで一年を過ごした有能な若い数学者が、別れの挨拶をするためにわたしのもとを訪れた。去り際に彼はこう言った。

「この一年がわたしにとってどんな意義をもっていたか、お教えしましょうか?」

「ええ、ぜひ」と、わたしは答えた。

彼はこう言った。「数学は急速に発展しています。現在、その文献は膨大です。わたしが博士号を取得してから一〇年以上経ちました。しばらくは自分の研究テーマについていくことができましたが、最近ではそれが難しくなり、自信を失いかけていました。けれども、ここで一年を過ごしたことで、目の前が開けました。窓が開かれ、部屋に明かりが差してきたのです。わたしの頭の中には、二つの論文の構想があり、近々着手する予定です」。

「きみのその状態はどのくらい続くだろうか」とわたしは尋ねた。

「五年、いや一〇年くらいでしょうか」と彼。

「その後は?」

「ここへ戻ってきますよ」

三つ目の例は、最近の出来事だ。西部の大規模な大学の教授が、先の一二月末にプリンストンにやって来た。目的は、プリンストン大学のモーレー教授との共同研究を再開することだった。しかし、モーレーは彼に、高等研究所のパノフスキーとスワルゼンスキーに会うことを勧めた。今、彼は、この三人との研究に励んでいる。

「一〇月まで滞在するつもりです」と彼は言う。

「真夏は暑いですよ」とわたし。

「あまりに忙しく幸せだから、暑さには気づかないでしょう」と彼は言った。

つまり、自由は停滞をもたらすどころか、働き過ぎという危険をもたらすのだ。最近わたしは、あるイギリス人研究者の妻から、こう尋ねられた。

「ここではみな、夜中の二時まで働いているのですか?」

また、今のところ高等研究所には建物がない。現時点では、数学者は、プリンストン大学ファインホールの数学科のゲストで、人文学者はプリンストン大学マコーミックホールの人文学科のゲストだ。その他の研究者は、町中に散らばる部屋で仕事をしている。経済学者は、プリンストン・インのスイートルームを占拠している。わたし自身の居場所はナッソー街のオフィスビルで、その建物には商店主、歯医者、弁護士、整体師、それに、地方政府の調査と人口研究を指揮しているプリンストン大学のグループもいる。このように、物理的な建物の有無はどうでもいいことなのだ。これは六〇年あまり前にダニエル・ギルマンがボルチモアのギルマン・スクール[★14]で証明したことだ。とは言え、互いとの非公式な接触がないのは寂しいので、創立者たちは建物を建てようとしている。完成したあかつきには、ファルドホールと名付けられる予定だ。しかし、形を整えるのはそこまでだ。高等研究所は小規模であり続けなくてはならない。そして、高等研究所のグループが望むことは余裕、安全、組織と慣例に縛られないこと、そして最後に、プリンストン大学の学者や、折々に遠方からプリンストンを訪れる学者たちとの非公式な接触なのだ。このような人々として、コペンハーゲンか

★14——一八九七年に設立された私立の男子校。一八九七年にアメリカ・メリーランド州ボルチモアのローランドパーク周辺に設立された。初期の支援者であるダニエル・コイト・ギルマンにちなんで、ギルマン・スクールと名づけられた。

らニールス・ボーア、ベルリンからフォン・ラウエ、ローマからレヴィ＝チヴィタ、ストラスブールからアンドレ・ヴェイユ、ケンブリッジからディラックとＧ・Ｈ・ハーディ、チューリッヒからパウリ、ルーヴァンからルメートル、オックスフォードからウェイド・ジェリー、さらにハーバード、イエール、コロンビア、コーネル、ジョンズ・ホプキンス、シカゴ、カリフォルニア、その他、アメリカ国内の知性と学識の集まる場所から、多くの学者がやって来ている。

わたしたちは自分にそう誓っているわけではないが、役に立たない知識を妨げられることなく探究すれば、過去にそうだったように、未来においても結果が出るだろうと楽観している。しかし、それを根拠に高等研究所を擁護しようとは一瞬たりとも思わない。この研究所は、詩人や音楽家のように、好きなように行動する権利を勝ち取り、そのように行動できるときに最大の成果をあげる学者たちの楽園として存在するのだ。

著者について

ロベルト・ダイクラーフ（一九六〇—）は、プリンストン高等研究所の所長でレオン・レヴィ教授職にあり、弦理論と科学教育の進歩に大きく貢献した数理物理学者である。また、インターアカデミー・パートナーシップの会長、オランダ王立芸術科学アカデミーの元会長であり、芸術と科学における公共政策に関する優れた顧問であり唱道者である。

エイブラハム・フレクスナー（一八六六—一九五九）は、プリンストン高等研究所の構想と発展に携わり、一九三〇年から一九三九年までその初代所長を務めた。医学の訓練と実践を含むアメリカ教育改革における重要人物であるフレクスナーは、知識の進歩と誠実で理想的な学びに深い影響をあたえた。好奇心を原動力とする基礎研究に捧げられたプリンストン高等研究所は、彼の遺産の要となっている。

監訳者謝辞

本書は、理化学研究所数理創造プログラムにおいて二〇一八年秋に企画され、翻訳家の野中香方子と西村美佐子が訳出を、初田が監訳をおこないました。用語解説、コラム、研究者伝を担当してくださったサイエンスライターの荒船良孝さんに感謝します。また、企画当初、貴重な助言をくださった翻訳家の青木薫さん、出版に向けて多大な協力をくださった理化学研究所数理創造プログラム推進室・ディレクター室のみなさんに感謝します。なかでも、構想段階から一貫して企画実現に尽力くださった理化学研究所数理創造プログラム・コーディネーターの多田司さんに心より感謝します。さらに、原著の訳出を許諾くださったプリンストン大学出版局、本書の出版を歓迎し日本語版序文を寄せてくださったプリンストン高等研究所所長のロベルト・ダイクラーフ教授には厚くお礼申し上げます。最後に、本書の編集を忍耐強く進め、コロナ禍の中で出版に導いてくださった東京大学出版会編集部の丹内利香さんに深く感謝します。

初田哲男

監訳者・訳者・企画・企画協力者について

監訳者：初田哲男（はつだ・てつお）
1958 年、大阪府生まれ。1986 年、京都大学大学院理学研究科博士課程修了（理学博士）。ワシントン大学物理学科アシスタントプロフェッサー、筑波大学物理学系助教授、京都大学大学院理学研究科助教授、東京大学大学院理学系研究科教授、理化学研究所主任研究員などを経て、現職は、理化学研究所数理創造プログラムディレクター、東京大学名誉教授。専門は理論物理学、とくに原子核や素粒子の理論。西宮湯川記念賞、仁科記念賞、文部科学大臣表彰（科学技術分野）、東レ科学技術賞、などを受賞。小学校高学年で湯川秀樹の研究や生き方にあこがれて、理論物理学の世界を目指す。素朴な好奇心を失わず、いつも新しいことにチャレンジしたいと考えている。おもな著書は、*Quark-Gluon Plasma*（共著、Cambridge University Press、2005）、『岩波講座計算科学〈2〉計算と宇宙』（共著、岩波書店、2012）など。

訳者：野中香方子（のなか・きょうこ）
お茶の水女子大学文教育学部卒業。主な訳書に『生き物たちは 3/4 が好き』（化学同人、2009）、『脳を鍛えるには運動しかない』（NHK 出版、2009）、『China2049』（日経 BP、2015）、『トランプ』（共訳、文藝春秋、2016）、『隷属なき道』（文藝春秋、2017）、『ジェネリック』（みすず書房、2017）、『アレクサ vs シリ』（日経 BP、2019）などがある。

訳者：西村美佐子（にしむら・みさこ）
お茶の水女子大学文教育学部卒業。『ポスト・ヒューマン誕生』（NHK 出版、2007）、『ヒトゲノムを解読した男』（化学同人、2008）、『移行化石の発見』（文藝春秋、2014）、『ファーマゲドン』（日経 BP、2015）、『人類の祖先はヨーロッパで進化した』（河出書房新社、2017）など、翻訳協力多数。『イヌは何を考えているか』（共訳、化学同人）が近日刊行予定。

企画：理化学研究所数理創造プログラム
理論科学・数学・計算科学の研究者が分野の枠を越えて基礎研究を推進する、理化学研究所の国際研究拠点。「数理」を軸とする分野横断的手法により、宇宙・物質・生命の解明や、社会における基本問題の解決を目指している。https://ithems.riken.jp/ja

企画協力：荒船良孝（あらふね・よしたか）
1973 年、埼玉県生まれ。科学ライター。「たくさんの人たちに科学をわかりやすく伝える」をテーマに、1995 年より活動している。基礎から応用まで科学の現場を取材し、書籍や記事を多数執筆。おもな著書は『５つの謎からわかる宇宙』（平凡社、2013）、『思わず人に話したくなる　地球まるごとふしぎ雑学』（永岡書店、2014）、『ニュートリノってナンダ？』（誠文堂新光社、2017）、など。

日本語版参考文献

《書籍》

★秋元格・鈴木一郎・川村亮『ノーベル賞の事典』、東京堂出版、2014年。
★荒船良孝『5つの謎からわかる宇宙——ダークマターから超対称性理論まで』、平凡社、2013年。
★NHK「ゲノム編集」取材班『ゲノム編集の衝撃』、NHK出版、2016年。
★戎崎俊一監修『ノーベル賞100年のあゆみ』、ポプラ社、2003年。
★エルウィス、リチャード『マスペディア1000』、宮本寿代訳、ディスカヴァー・トゥエンティワン、2016年。
★大平一枝『届かなかった手紙　原爆開発「マンハッタン計画」科学者たちの叫び』、KADOKAWA、2017年。
★カスティ、ジョン・L『プリンストン高等研究所物語』、寺嶋英志訳、青土社、2004年。
★ギンガリッチ、オーウェン代表編集、ハイルブロン、J・L『アーネスト・ラザフォード 原子の宇宙の核心へ』、梨本治男訳、大月書店、2009年。
★クラーウ、ヘリェ『人は宇宙をどのように考えてきたか——神話から加速膨張宇宙にいたる宇宙論の物語』、竹内努・市来淨興・松原隆彦訳、共立出版、2015年。
★小谷太郎『科学者たちはなにを考えてきたか——見えてくる科学の歴史』、ベレ出版、2011年。
★小松英一郎『宇宙マイクロ波背景放射』、日本評論社、2019年。
★小山慶太『科学史人物事典——150のエピソードが語る天才たち』、中央公論新社、2013年。
★佐藤靖『科学技術の現代史——システム、リスク、イノベーション』、

中央公論新社、2019年。
★シラード、レオ『シラードの証言』、伏見康治・伏見諭訳、みすず書房、1982年。
★スチュアート、イアン『数学の真理をつかんだ25人の天才たち』、水谷淳訳、ダイヤモンド社、2019年。
★セグレ、エミリオ『X線からクォークまで』、久保亮五、矢崎裕二訳、みすず書房、1982年。
★ソーン、キップ・S『ブラックホールと時空の歪み——アインシュタインのとんでもない遺産』、林一・塚原周信訳、白揚社、1994年。
★高橋昌一郎『ノイマン・ゲーデル・チューリング』、筑摩書房、2014年。
★竹内薫『不完全性定理とはなにか　ゲーデルとチューリングの考えたこと』、講談社、2013年。
★東京書籍編集部編『ノーベル賞受賞者人物事典　物理学賞・化学賞』、東京書籍、2010年。
★時岡達志『気象の数値シミュレーション』、東京大学出版会、1993年。
★ド・クライフ、ポール『微生物を追う人々——技術のあけぼの』、秋元寿恵夫訳、平凡社、1963年。
★パーカー、スティーヴ『マルコーニ』、鈴木将訳、岩波書店、1995年。
★ピゾニー、ピアーズ『ATOM原子の正体に迫った伝説の科学者たち』、渡会圭子訳、2010年。
★廣田襄『現代化学史　原子・分子の科学の発展』、京都大学学術出版会、2013年。
★ファラデー、マイケル『ロウソクの科学』、竹内敬人訳、岩波書店、2010年。
★藤井旭監修、藤井旭・荒船良孝『火星の科学——Guide to Mars：水、生命、そして人類移住計画　赤い惑星を最新研究で読み解く』、誠文堂新光社、2018年。
★藤井啓祐『驚異の量子コンピュータ——宇宙最強マシンへの挑戦』、岩波書店、2019年。
★ブジェジナ、コロナ『時代をきりひらくIT企業と創設者たち　3——

Google をつくった 3 人の男』、スタジオアラフ訳、中村伊知哉監修、岩崎書店、2013 年。

⋆ヘイガー、トーマス『大気を変える錬金術——ハーバー、ボッシュと化学の世紀』、渡会圭子訳、みすず書房、2010 年。

⋆ベカルト、ザビエ他『アイコン的組織論』、稲垣みどり訳、フィルムアート社、2017 年。

⋆三宅泰雄『空気の発見』、角川学芸出版、1962 年、改版：2011 年。

⋆嶺重慎『ブラックホール天文学』、日本評論社、2016 年。

⋆山田克哉『原子爆弾　その理論と歴史』、講談社、1996 年。

⋆若林文高監修『ノーベル賞を知る』（全 5 巻）、講談社、2020 年。

⋆渡辺啓・竹内敬人『読み切り化学史』、東京書籍、1987 年。

《雑誌、新聞など》

⋆「人絹は何処へ行く」、『大阪時事新報』、1929 年 2 月 14 日～3 月 10 日。

⋆『学術の動向』、7 巻、7 号、2002 年。

⋆有本建雄「今日の科学大国アメリカの基礎を築いた天文学者ヘール——20 世紀ビッグサイエンス時代の科学者像」、『情報管理』、41 巻、1 号、1998 年。

⋆石田三雄「医薬品第 1 号を生んだ科学者精神」、『近代日本の創造史』、5 巻、2008 年。

⋆名和小太郎「マルコーニズム再考」、『情報管理』、53 巻、1 号、2010 年。

⋆村上陽一「ニールス・ボーア（1885 ～ 1926）の功績」、『伝熱』、49 巻、206 号、2010 年。

⋆山本佐恵「1940 年ニューヨークに万博に出品された写真壁画《日本産業》にみる「報道写真」の影響」、『デザイン学研究』、56 巻、2 号、2009 年。

《Web サイト》

⋆DARPA
https://www.darpa.mil
⋆デューク大学

https://duke.edu
* 天文学事典
https://astro-dic.jp/
* ノーベル賞
https://www.nobelprize.org
* フェルミ国立加速器研究所
http://www.fnal.gov
* プリンストン高等研究所
https://www.ias.edu
* ヨーロッパ原子核研究機構（CERN）
https://home.cern

《その他 Web 上の記事など》

* http://cat.phys.s.u-tokyo.ac.jp/publication/BEC_koudansha.pdf
* http://ktymtskz.my.coocan.jp/S/saikin/igk1.htm
* http://ktymtskz.my.coocan.jp/S/space/sp6.htm
* http://spaceinfo.jaxa.jp/ja/utyu_tenmon_paroma.html
* http://www.edisonworl10.com
* http://www.engineering-eye.com/rpt/c003_antenna/04.html
* http://www.kodak.co.jp
* http://www.mls.eng.osaka-u.ac.jp/~mol_rec/scientific/miyata/lectureg/newspaper/kiji/198910science.pdf
* http://www.slab.phys.nagoya-u.ac.jp/uwaha/statiii10-3.pdf
* https://artscape.jp/index.html
* https://findingaids.princeton.edu/collections/MC056
* https://global.canon/ja/technology/kids/mystery/m_03_01.html
* https://kids.gakken.co.jp/jiten/dictionary01400314/
* https://litfl.com/wilhelm-von-waldeyer-hartz/
* https://phy.duke.edu/about/history/historical-faculty/fritz-london
* https://rockfound.rockarch.org/biographical/-/asset_publisher/6ygcKECNI1nb/content/simon-flexner

★ https://www.gereports.jp/edison-and-inventions/
★ https://www.jma.go.jp/jma/kishou/know/whitep/1-3-2.html
★ https://www.jst.go.jp/crds/pdf/2014/FU/US20140901.pdf
★ https://www.ncbi.nlm.nih.gov/pmc/articles/PMC5723023/
★ https://www.neomag.jp/mag_navi/history/history_10.html
★ https://www.spiedigitallibrary.org/conference-proceedings-of-spie/4065/0000/Robert-John-Strutt-fourth-Baron-Rayleigh-a-brief-tribute/10.1117/12.407306.short

なお、フレクスナーの「役に立たない知識の有用性」はパブリックドメインとなっており、山形浩生氏の訳が
https://cruel.org/other/useless/useless.pdf
より、一般に入手可能である。本書の訳文は今回独立に訳出した。

本書に
登場する
研究者たち

アインシュタイン、アルベルト

Albert Einstein：1879～1955年。ドイツ生まれの理論物理学者。スイス連邦工科大学を卒業後、特許局で働きながら物理学の研究を続け、1905年に「光量子仮説」、「特殊相対性理論」、「ブラウン運動に関する理論」を相次いで発表。1915年から16年にかけて「一般相対性理論」を発表した。相対性理論は、現代物理学の根幹をなす理論で、発表から100年以上経った現在でも、大きな影響を与えている。1921年にノーベル物理学賞を受賞したが、これは相対性理論ではなく、光量子仮説に対する功績が評価されたものだった。1914年にドイツのカイザー・ヴィルヘルム研究所の教授に就任し、ベルリン大学教授も兼務したが、1933年以降はプリンストン高等研究所に籍を移した。

アール、エドワード・ミール

Edward Mead Earle：1894～1954年。外交関係における軍隊の役割の専門家。大学講師、作家、アメリカ政府のさまざまな部局のコンサルタントなど、多方面で活躍した。

アレキサンダー、ジェームズ・ワデル

James Waddell Alexander：1888～1971年。アメリカの数学者。専門は代数幾何、トポロジー。ヴェブレンの弟子の一人で、プリンストン高等研究所の設立に関わり、教授に就任。ヴェブレンと共同で、多様体の位相幾何を多面体に拡張した。

アンペール、アンドレ=マリ

André-Marie Ampère：1775～1836年。フランスの物理学者、数学者。エルステッドの報告を受け、平行に並べた2本の導線のそれぞれに電流を流すと、導線が動くことを確かめ、2つの電流も力を及ぼし合うことを発見した。このことから、直流電流を流した直線の導線の周りには磁場ができるというアンペールの法則を導いた。

イーストマン、ジョージ

George Eastman：1854～1932年。アメリカの発明家。アマチュア写真家だったイーストマンは、1881年に乾板の製造、販売をおこなう「イーストマン・ドライ・プレート」社を設立。1888年にコダックカメラを発売。1892年、社名をイーストマン・コダックに変更し、世界的なフィルムメーカーをつくった。詳細は、コラム「イーストマンのコダックカメラ」を参照。

ウィグナー、ユージン

Eugene Paul Wigner：1902～1995年。ハンガリー生まれの物理学者。原子核や素粒子の研究に携わった。数学者のフォン・ノイマンと同じギムナジウムでともに学び、博士号を取得後にフォン・ノイマンと共同で群論の量子力学に関する論文や本を執筆している。1930年にプリンストン大学講師となり、アメリカとドイツを行き来した後、1936年にウィスコンシン大学教授に就任し、アメリカに移住した。アインシュタインに、アメリカが原子爆弾の開発に着手するようにルーズベルト大統領への書簡に署名し、差出人となるように

働きかけた1人であり、原子爆弾の開発にも携わった。量子論を使って、原子核や素粒子の性質を理解しようと研究を進め、1963年に「原子核と素粒子の理論、特にその対称性の発見と応用」に対して、ノーベル物理学賞を受賞した。

ウィップル、ジョージ・ホイット

George Hoyt Whipple：1878～1976年。アメリカの病理学者。貧血は、体内で鉄が不足することなどで起こることは古くから知られていたが、鉄分を補給しても症状が改善しないものもある。ウィップルは、貧血のイヌにレバーを食べさせることで、貧血の症状が改善されることを発見。病理学者のマイノットもウィップルとは別に同じ発見をしている。その後、2人は共同研究をして、貧血を改善させる物質としてビタミンB12（コバラミン）の分離に成功。原因不明の致死的な病とされていた悪性貧血の治療法が確立していった。ウィップルとマイノットは「貧血に対する肝臓療法の発見」に対し、1934年にノーベル生理学・医学賞を受賞した。

ウィルソン、ロバート・ラスバン

Robert Rathbun Wilson：1914～2000年。アメリカの物理学者。アメリカ・エネルギー省の運営するフェルミ国立加速器研究所の建設を主導し、初代所長を務めた。この研究所には直径約2kmの陽子・反陽子衝突型の円型加速器テバトロンが設置されている。本文に書かれたウィルソンの言葉は、この加速器についての質問に答えたもの。テバトロンは、1994年に物質をつくり出す素粒子の中で、発見されていなかったトップクォークを発見し、素粒子理論の構築に

大きく貢献した。

ウェイド・ジェリー、ヘンリー・セオドア
Henry Theodore Wade-Gery：1888～1872年。イギリスの歴史学者、作家。

© MFO

ヴェイユ、アンドレ
André Weil：1906～1998年。フランスの数学者。数論や代数幾何など、幅広い領域でたくさんの先駆的な研究をおこない、20世紀の純粋数学の発展に大きく貢献した。

ヴェブレン、オズワルド
Oswald Veblen：1880～1960年。アメリカの数学者。トポロジー、微分幾何などの分野で大きな業績を残している。プリンストン高等研究所の設立に関わり、スター教授として活躍した。

ウォラストン、ウィリアム・ハイド
William Hyde Wollaston：1766～1828年。イギリスの化学者、物理学者、天文学者。プラチナ鉱石から、ロジウムとパラジウムを分離、発見した。また、エルステッドやアンペールの発見を知り、デイヴィーと一緒に、導線と磁石を組み合わせることで、電流や磁石から導線を動かす装置をつくろうとしたが、失敗に終わった。

ウォーレン、ロバート・B

Robert B. Warren：1891～1950年。アメリカの経済学者。1919年から連邦準備制度で働き始める。スチュワートの推薦を受けて、1939年にプリンストン高等研究所の教授となった。

エジソン、トーマス

Thomas Alva Edison：1847～1931年。アメリカの発明家、起業家。白熱電球、蓄音機、映写機など、幅広い分野にわたり1000件以上の発明品を生みだし、発明王とも呼ばれている。基本的に既存の技術の改良で、たくさんのライバルと激しい競争を繰り広げた。白熱電球の場合も、元々の発明者であるイギリスのジョセフ・スワンと争っている。最終的に、発明者の権利をスワンと分け合っているが、エジソンはフィラメントの改良や電力会社の設立などによって、白熱電球の普及に努め、多くの人たちから白熱電球の発明者と認識されるようになった。

エルステッド、ハンス・クリスティアン

Hans Christian Ørsted：1777～1851年。デンマークの物理学者。コペンハーゲン大学で、カント哲学の研究によって博士号を取得したという異色の経歴をもつ。1820年、ボルタ電池を使って、電気の流れている導線の近くに方位磁針を置くと針が動くことに気づき、電流が磁石に力を及ぼすことを発見した。また、文学に造詣が深く、同じデンマークの童話作家であるアンデルセンを支援していた。

エールリヒ、パウル

Paul Ehrlich：1854 〜 1915 年。プロイセン王国シレジア生まれのユダヤ系ドイツ人の細菌学者、生化学者。ストラスブール大学でフォン・ヴェルダイアーから組織学の新しい手法を学んでから、ヨーロッパ各地で、アドルフ・フォン・バイヤー、フェルディナント・コーン、ユリウス・コーンハイムなどといった著名な研究者からさまざまなことを学んでいった。1800 年代後半は、ドイツで染料工業が発達し、細菌や組織を染料で染めて顕微鏡で観察されていた。特定の染料が、特定の細菌や組織だけを染色することに着目し、病気の原因となる細菌を殺す染料の研究に取り組んだ。その結果、1891 年に、マラリア原虫にメチレンブルーという染料が作用することを発見し、感染症を化学薬品で治療する化学療法（薬物療法）の礎を築いた。ちなみに、「化学療法」、「特効薬」などの言葉は、エールリヒがつくった。ジフテリアの血清療法の研究で 1901 年にノーベル生理学・医学賞を受賞したエーミール・ベーリングとジフテリアの共同研究をしたり、助手の秦佐八郎と共同で梅毒の特効薬を開発したりと、免疫学や血液学に大きく貢献し、1908 年にノーベル生理学・医学賞を贈られた。

オッペンハイマー、ロバート

Julius Robert Oppenheimer：1904 〜 1967 年。アメリカの理論物理学者。量子力学が著しく発展してきた 1925 年からヨーロッパを周り、新しい知識を吸収していった。1942 年、原子爆弾に関する理論面での研究の指揮を執ることとなり、翌 43 年にはマンハッタン計画の一環として設置されたロスアラ

モス国立研究所の所長となった。それまでどちらかというと、世間知らずの物理学者だったが、ロスアラモスでは原子爆弾の開発を手際よく進め、研究所長の任を果たした。

©Museum Boerhaave

オネス、ヘイケ・カメルリング

Heike Kamerlingh Onnes：1853～1926年。オランダの物理学者。1908年にヘリウムを絶対温度4.2K（−268.95℃）まで冷却し、液化に成功。1911年には水銀を4.15K（−269℃）にまで冷却することで、電気抵抗が0になる超電導状態をつくり出すことに成功した。さらに、1912年にはスズが3.7K（−269.45℃）付近で、鉛が6K（−267.15℃）付近で超電導状態になることを発見した。これらの功績によって、1913年にノーベル物理学賞を受賞した。超電導現象の理論的な解明は1957年にアメリカのジョン・バーディーン、レオン・クーパー、ロバート・シュリーファーの3人によるBCS理論によってなされた。

ガウス、ヨハン・カール・フリードリヒ

Johann Carl Friedrich Gauss：1777～1855年。ドイツの数学者、物理学者、天文学者。自然数の中に素数がどのくらいの割合で含まれるのかを記述する素数定理を予想し、最小二乗法を発見するなど、たくさんの功績を残す偉大な数学者の1人。1817年に非ユークリッド幾何学が存在することを発見していたが、そのことを公表しなかった。非ユークリッド幾何学の存在は、他の研究者からの異論も予想され、議論を巻き起こすと考えたからだ。その間、ニコライ・ロバチェフスキーとヤノーシュ・ボヤイが、それぞれ非ユークリッド幾

何の存在に気づき、先に発表した。

ガリレオ・ガリレイ

Galileo Galilei：1564～1642年。イタリアの物理学者、天文学者。ピサの斜塔から物体を落とし、落下速度は、物体の重さによらず一定であるということを証明した。自然をあるがままにとらえるのではなく、摩擦や空気抵抗など、じゃまになる要素を取り除き、自分が知りたい現象だけを純粋に考えられる実験という手法を初めて導入し、公開した。また、望遠鏡で月、木星、土星などを観測して、本を通じ、その姿を詳細に報告している。後の科学につながる方法をいち早く実践したことから、近代科学の父と呼ばれている。

ギルマン、ダニエル・コイト

Daniel Coit Gilman：1831～1908年。アメリカの教育者。1800年代前半までは、アメリカではイギリスのようにカレッジ型の大学がつくられていた。ギルマンは、その状況を変革し、リベラルアーツ学部部門と大学院とを併せもつ、複合的で、総合的なユニバーシティの建設を目指した。1873年、新設されたばかりのカリフォルニア大学の第2代学長に就任し、ユニバーシティ型の新しい州立大学の建設を目指したが、道半ばで任を離れることとなる。1875年に創設されたばかりのジョンズ・ホプキンス大学の初代学長に就任。教育機能と研究機能を併せもったアメリカ初のユニバーシティを実現した。

ゲーデル、クルト

Kurt Gödel：1906〜1978年。オーストリア・ハンガリー帝国生まれの数学者、論理学者、哲学者。1930年にウィーン大学で学位を取得。1931年には、数学の公理系は論理的に完全ではなく、公理系に矛盾がないことを証明するのは不可能であるという不完全性定理を証明し、有名になった。第二次世界大戦が始まると、ドイツ軍に徴兵されることを恐れ、アメリカへ渡った。アメリカではプリンストン高等研究所の研究員となり、1953年には教授に就任した。プリンストンではとくに年長のアインシュタインと親交を結んだ。そのためもあって「ゲーデル宇宙」として知られるアインシュタイン方程式の厳密解を発見している。

コッホ、ロベルト

Heinrich Hermann Robert Koch：1843〜1910年。ドイツの医師、細菌学者。細菌はとても小さなものなので、その1つ1つを肉眼で見ることはできない。しかし、栄養素を含んだ固形培地の上で育てると、細菌が増殖して、コロニーという集団をつくり、肉眼でも確認できるようになる。寒天培地を使用して、1882年に結核菌の純粋培養に成功した。そして、1890年には治療薬を開発したと発表した。この治療薬は効果が乏しかったものの、結核を診断するツベルクリン反応として実用化された。この結核に関する調査と発見によって、1905年にノーベル生理学・医学賞が贈られた。この他に、コレラ菌、炭疽菌を発見し、感染症の多くが細菌によるものであることを示した。また、エールリヒ、エミール・ベーリングの2人のノーベル賞受賞者をはじめ、腸チフス菌を発見したゲオルク・ガフキー、ジフ

テリア菌と口蹄疫ウィルスを発見したフリードリヒ・レフラー、破傷風菌の純粋培養に成功し、ペスト菌を発見した北里柴三郎など、たくさんの優秀な研究者を育てたことでも知られている。

ゴールドマン、ヘティ

Hetty Goldman：1881～1972年。アメリカの考古学者。プリンストン高等研究所の人文科学部門（現在の歴史学部門）の創設に関わり、研究所で最初の女性教授となった。

コルベ、ヘルマン

Adolph Wilhelm Hermann Kolbe：1818～1884年。ドイツの化学者。化学研究の歴史は無機化学から始まったが、19世紀の半ばには有機化学も化学の1つの分野と認められるようになってきた。化合物の構造について研究する構造化学の確立に貢献した。

コーンハイム、ユリウス

Julius Friedrich Cohnheim：1839～1884年。ドイツの病理学者。

シャルドネ伯爵

Comte Hilaire Bernigaud de Chardonnet：1839～1924。フランスのエンジニア、実業家。イギリスの物理学者、化学者のジョセフ・スワンが考案したニトロセルロース繊維の製法を取り入れて、ニトロセ

ルロース繊維製造の工業化に成功。このような方法でつくられたセルロース繊維は、人造絹糸（レーヨン）と呼ばれたが、引火性が高いという致命的な欠点があった。その後、レーヨンの製造法は改良が加えられ、現在では木材パルプなど化学的に処理した再生セルロース繊維を指してレーヨンと呼んでいる。

シラード、レオ

Leo Szilard：1898～1964年。ハンガリー生まれの物理学者、分子生物学者。ナチスの追及を逃れてロンドンに居を移し、その後、1938年にニューヨークへ渡った。ナチスが原子爆弾を開発してしまうかもしれないという危機感をもったシラードは、それを防ぐために、当時のアメリカ大統領フランクリン・ルーズベルトに原子爆弾の開発を推進するように要請する手紙を提出することを計画した。彼は、同じようにアメリカへ亡命してきたアインシュタインに協力を仰ぎ、アインシュタインのドイツ語による口述を書き取ったものから、手紙を起草した。そして、アインシュタインの名前で、ルーズベルト大統領の側近だった経済学者のアレクサンダー・サックスに手渡した。この手紙は「アインシュタイン－シラードの手紙」と呼ばれ、これをきっかけにして、ルーズベルト大統領は原子爆弾の開発を決意し、マンハッタン計画をスタートさせた。しかし、実際に原子爆弾完成の目処が立ち、日本への投下が現実味を帯び始めると、シラードはこれに反対する。日本に原子爆弾を投下しないように要請する手紙をルーズベルト大統領に渡そうとしたが、直前でルーズベルト大統領が急死してしまう。その後、ルーズベルトの死を受けて大統領となったハリー・トルーマンを支えることになるジェームズ・バーンズ上院議員と面談し、日本への原爆投下を止めるように訴え

たが、聞き入れてもらえなかった。終戦後、原子物理学から分子生物学に転向した。

スチュワート、ウォルター・W

Walter W. Stewart：1885〜1958年。アメリカの経済学者。カルビン・クーリッジ、ハーバート・フーヴァー、フランクリン・ルーズベルト、ドワイト・アイゼンハワーの4人のアメリカ大統領の経済アドバイザーを務めた。1938年9月にプリンストン高等研究所の政治経済学部門の教授へ就任。

スミス、セオボールド

Theobald Smith：1859〜1934年。アメリカの病理学者。1880年代のアメリカでは、テキサス熱という病が牛に流行していた。この病気は、北部の牛が南部に移動するとかかってしまうが、南部の牛が北部に移動したときは周りにいる北部の牛が次々と病気になってしまうという変わった感染のしかたをしていた。この病気について研究をしたスミスは、原因となる細菌を発見しただけでなく、ダニが媒介して感染を広げていくことを証明した。感染症の伝播に昆虫が関わっていたという事実は、マラリアをはじめとする他の感染症の研究に大きな影響を与えた。

スミス、ヘンリー・ジョン・スティーヴン

Henry John Stephen Smith：1826〜1883年。アイルランド生まれの数学者。フラクタルの一種であるカントール集合を発見したことで知られている。

スワルゼンスキー、ハンス

Hanns Swarzenski：1903～1985年。ドイツ生まれの美術史家。1936～1948年の間、プリンストン高等研究所人文科学部門のメンバーとして、パノフスキーと一緒に研究した。

野本和幸氏提供

チャーチ、アロンゾ

Alonzo Church：1903～1995年。アメリカの論理学者、数学者。プログラミング言語の基礎として利用されるラムダ計算の創案者として知られる。チューリングをはじめ、たくさんの数学者に影響を与えた。

©MIT Museum

チャーニー、ジュール

Jule Gregory Charney：1917～1981年。アメリカの気象学者、海洋学者。1938年にカリフォルニア大学ロサンゼルス校（UCLA）を優秀な成績で卒業し、大学院に進む。1940年頃、UCLAに気象学課程が開設されると、乱流の取り扱いに関する講義に参加した。最初のうちは「気象学はなかなか身につかず苦痛で嫌いでした」と、気象学になじめなかったが、気象学のおもしろさがわかってくると、方程式を理論的に整理して、数式を通して大気の物理過程を理解しやすい形に簡略化した。1948年にはプリンストン高等研究所の研究員となり、フォン・ノイマンが主導して発足した気象プロジェクトに指導者として加わった。そこで、コンピュータを用いた数値計算による天気予報のための理論と技術をいくつも開発していった。

チューリング、アラン

Alan Mathieson Turing：1912～1954年。イギリスの数学者、論理学者。パブリックスクールに通う少年時代から数学や科学が好きで、学校の空き時間に独学で相対性理論や量子力学を学んでいた。その後、ケンブリッジ大学キングスカレッジに入学し、数学を専攻。1934年に卒業。1935年にはキングスカレッジのフェローシップを受け、1936年には、ケンブリッジ大学の数学科と理論物理学科の優秀な学生に贈られるスミス賞を受賞している。

チューリングは、ゲーデルの不完全性定理がアルゴリズムに関する定理であることに気づき、別の視点から不完全性定理にアプローチした論文「計算可能数とその決定問題への応用」を1936年に発表した。この論文が発表される数週間前に、アロンゾ・チャーチも同様の論文を発表していた。このような縁もあり、チューリングは1936年9月から1938年7月までプリンストン大学に滞在し、チャーチの指導を受けて博士論文を執筆した。

第二次世界大戦が始まると、イギリスの情報機関で暗号解読の仕事に従事し、ナチスの用いていた暗号機械エニグマのつくる暗号の解読に取り組んだ。彼の働きにより、連合国軍はナチスの暗号を解読することができ、戦争の終結を早めたといわれている。戦後、イギリスの国立物理学研究所（NPL）で世界初のプログラム内蔵式コンピュータACE（Automatic Computing Engine）の設計をした。翌年、NPLを離れてしまうもののACEのプロジェクトは引き継がれ、1950年にプロトタイプのPilot ACEがつくられた。設計通りのACEが完成したのは1957年のことだ。ACEの設計を手がける中で、チューリングは学習する機械という発想を得て、1950年には「機械と知能」という論文を発表し、機械の知能を評価するための

方法として、チューリング・テストを考案した。

デイヴィー、ハンフリー

Humphry Davy：1778～1829年。イギリスの化学者。コンウォール地方の木彫職人の子として生まれ、外科医ジョン・ビンガム・ボーラスに弟子入りし、その病院の薬局で化学を学ぶ。その後、医師トーマス・ベトーズが設立した気体研究所で働き、一酸化二炭素（笑気）に麻酔効果があることを発見した。1801年、王立研究所に採用され、1807年には電気分解によって、新元素であるカリウムを発見。さらに、電気分解を利用し、ナトリウム、マグネシウム、カルシウム、バリウムを立て続けに発見した。講演の名手でもあり、王立研究所では、ときおり、彼の公開講座が開かれた。この講演に感激したのが、当時、製本屋で働いていたファラデー。ファラデーは、デイヴィーの講演を記録した手書きのノートをデイヴィーに贈り、その縁でデイヴィーの助手になった。

ディラック、ポール

Paul Adrien Maurice Dirac：1902～1984年。イギリスの理論物理学者。量子力学の基礎方程式であるシュレーディンガー方程式を、特殊相対性理論でも成立するように拡張し、ディラック方程式を導いた。さらにディラック方程式から電子の反粒子である陽電子の存在を予言し、その後の理論物理学の発展に大きく貢献した。1933年、シュレーディンガー方程式を発表した物理学者エルヴィン・シュレーディンガーとともにノーベル物理学賞を受賞した。

デカルト、ルネ

René Descartes：1596～1650年。フランス生まれの哲学者、数学者。デカルト以前の中世ヨーロッパでは、神学が学問の中心に位置していた。しかし、デカルトの時代には、神学は力を失い、学問の意義自体が疑われるようになった。そのような中で、デカルトは、学問の基礎を新しく打ち立てようとした。そこで、人間の知覚や感覚、数学的な真理など、あらゆるものを疑う方法的懐疑という手法で、学問の基礎となる確実なものを見出そうとした。その結果、行きついたのが、「すべてのものを疑い、考えている私自身の存在が、唯一、最も確実なもの」ということだった。この結論を「コギト・エルゴ・スム（我思う、故に我あり）」という言葉で表している。デカルトの考えは近世哲学、近代科学に大きな影響を与えた。

テラー、エドワード

Edward Teller：1908～2003年。ハンガリー生まれの理論物理学者。ドイツのライプチヒ大学で博士号を取得したが、ユダヤ系であるために1935年にアメリカへ渡った。国を追われたテラーには、ファシズムや共産主義に対する強烈な憎しみが生まれたといわれている。第二次世界大戦が始まってからは、ロスアラモス国立研究所で原子爆弾の開発に取り組んだ。原子爆弾の開発に従事した科学者は、迷いや自責の念をもつ人も多かったが、テラーはそのような想いはまったくもたなかったようだ。むしろ、核分裂によるエネルギーを利用する原子爆弾よりも強力な核融合のエネルギーを使う水素爆弾の開発を進めようとした。水素爆弾は、マンハッタン計画では実現しなかったが、その後も研究を継続し、1952年に世界で初めて開発

に成功した。

ニュートン、アイザック

Isaac Newton：1642～1727年。イギリスの物理学者、数学者、哲学者。これまで知られていた力学法則を整理し、「慣性の法則」、「運動の法則」、「作用反作用の法則」の3つにまとめたり、「万有引力の法則」を発見したりして、ニュートン力学を確立させた。ニュートン力学は、現在でも、ロケットの打ち上げ、鉄道や飛行機の運行など、社会生活のさまざまな面で役立っている。

ノーベル、アルフレッド

Alfred Bernhard Nobel：1833～1896年。スウェーデンの化学者、技術者、発明家。アスカニオ・ソブレーロと出会ったことがきっかけとなり、ニトログリセリンの実用化に向けた研究を始める。1866年、ニトログリセリンを安定化させることに成功し、ダイナマイトを発明した。1875年にはニトログリセリンとニトロセルロースを混ぜた爆発性ゼラチン（セリグナイト）を開発した。これらの技術をはじめ、355にも及ぶ特許を取得し、裕福になった。結婚せず、子どももいなかった彼は、3200万クローネをノーベル賞の原資となる基金として寄付した。

パウリ、ヴォルフガング

Wolfgang Ernst Pauli：1900～1958年。オーストリア生まれの物理学者。電子の運動に関して、新しい量子数を追加することで、2つの電子が同じ軌道には存在できないというパウリの排他原理を発表。

後に、この新しい量子数として電子スピンの概念が取り入れられた。また、物理学者のヴェルナー・ハイゼンベルクとともに場の量子論の概念を構築し、素粒子の1種であるニュートリノの存在を予言したことでも知られている。これらの多くの業績に対して、1945年にノーベル物理学賞が贈られた。

パスツール、ルイ

Louis Pasteur：1822～1895年。フランスの細菌学者、生化学者。ワインを醸造したときにできる廃棄物の中から得られる酒石酸に、光学異性体（ファントホッフの項参照）が存在することを発見した。その後、発酵の研究に取り組み、発酵が酵母などの微生物の作用によって起こることに気がついた。当時、微生物は栄養があれば自然に発生すると考えられていたが、パスツールは、外から親がやってこなければ微生物も自然に発生することはないと考えるようになった。そして、口の部分を曲げて、空気などから微生物が入りこまないように加工した特殊なフラスコを使うことで、外から微生物が入りこまなければフラスコの中に入れた肉汁が腐らないことを実験的に示し、微生物の自然発生説を否定した。彼の研究は、微生物の引き起こす病気へと向かっていき、家畜が感染する炭疽病、ニワトリコレラ、狂犬病などのワクチンの開発に成功。ワクチンは、感染症の病原となる微生物の毒性を弱めたものだ。ワクチンを前もって投与することで、免疫を得る予防接種を世の中に広めた。

ハーツフェルド、エルンスト

Ernst Emil Herzfeld：1879～1948年。ドイツの考古学者。トルコ、シリア、ペルシア（現在のイラン）、イラクで多くの史跡や遺跡を調

査した。1936～1944年にはプリンストン高等研究所の教授、1944～1948年には同研究所の名誉教授となった。

ハーディ、ゴッドフレイ・ハロルド
Godfrey Harold Hardy：1877～1947年。イギリスの数学者。解析学全般に渡り多くの業績を残し、イギリスの純粋数学をリードした。その中でも、とくに解析的整数論の分野で大きな影響を与えた。

©ユニフォトプレス

パノフスキー、エルヴィン
Erwin Panofsky：1892～1968年。ドイツ生まれの美術史家。イコノロジー（図像解釈学）の理論化を進め、美術史研究の重要な方法論を提示した。

バンティング、フレデリック
Frederick Grant Banting：1891～1941年。カナダの医師、医学者。糖尿病に対する治療に有効なインスリンを発見。ジョン・マクラウドとともに、1923年にノーベル生理学・医学賞を受賞。詳細は、コラム「インスリンの発見」を参照。

©AP/アフロ

ファインマン、リチャード

Richard Phillips Feynman：1918〜1988年。アメリカの物理学者。経路積分、ファインマンダイアグラムなど、独自の視点による理論を量子論に導入し、電子などの粒子を理論的に取り扱える枠組みをつくることに大きな貢献をした。それらの功績により、1965年にジュリアン・シュウィンガー、朝永振一郎とともにノーベル物理学賞を受賞。1986年にスペースシャトル・チャレンジャー号が爆発事故を起こした際には、事故調査委員の1人として、物理学的な原因だけでなく、組織の風土の問題なども厳しく指摘した。

ファラデー、マイケル

Michael Faraday：1791〜1867年。イギリスの化学者・物理学者。電気分解の法則や電磁誘導の法則を発見し、電気化学、電磁気学の基礎をつくった。電磁気学の研究は、電気を運動エネルギーへと変えるモーター、運動エネルギーから電気をつくる発電機、電圧の高さを変える変圧器など、現代人の生活に欠かせないさまざまなものを生みだした。また、テレビや携帯電話などに使われ情報化時代を支えている電波も電磁気学の成果である。他にもベンゼンを発見し、二酸化炭素や塩素などの液化にも成功している。イギリスの王立協会で開催されたファラデーのクリスマス講演の内容をまとめた書籍『ロウソクの科学』は、2016年にノーベル生理学・医学賞を受賞した大隅良典、2019年にノーベル化学賞を受賞した吉野彰が科学者を志すきっかけを与え、現在でも読み継がれている。

ファントホッフ、ヤコブス・ヘンリクス

Jacobus Henricus van't Hoff：1852～1911年。オランダの化学者。初期の頃は、有機化学の研究をし、炭素原子と他の原子との結合のしかたから、炭素原子の正四面体説を唱え、立体化学の基礎をつくった。炭素原子の正四面体説とは、炭素原子を正四面体のように考え、正四面体の頂点で他の原子や原子団と結合するという考え方。1874年には、4つの頂点にそれぞれ別の物質が結合すると、結合する物質の配置の違いによって、化学組成や分子式がまったく同じでも、立体構造を比べると鏡で映したような関係となる光学異性体が存在することを示した。その後、物理科学分野の研究に移り、溶液の浸透圧や化学平衡の研究で業績を残し、1901年にノーベル化学賞の最初の受賞者となった。

フェルミ、エンリコ

Enrico Fermi：1901～1954年。イタリア生まれの物理学者。イタリアで学位を取得した後に、ドイツのゲッティンゲン大学で量子力学を、オランダのライデン大学で統計力学を学んだ。1926年にフェルミ統計と呼ばれる統計規則を発表した。同時期に、イギリスの物理学者のディラックも同じ統計規則を独立に発見したことから、フェルミ－ディラック統計とも呼ばれている。中性子をさまざまな原子核にぶつけることで、いくつもの放射性同位体をつくることに成功。さらに、中性子を減速するためにパラフィンを使えばいいことを発見した。これらの功績によって、1938年にノーベル物理学賞を受賞した。妻がユダヤ系だったことから迫害を恐れ、ノーベル賞の授賞式のために訪れていたストックホルムからアメリカへ亡命した。ア

メリカに渡ったフェルミはマンハッタン計画に参加し、世界初の原子炉であるシカゴパイル1号を設計した。この原子炉の設計には研究助手としてシラードも参加。1942年12月2日、シカゴパイル1号は世界で初めて、核分裂の連鎖反応を持続させる臨界へと達した。

「シカゴには何人のピアノの調律師がいるか」などのいわゆる「フェルミ推定」にも名前を残している。

フォン・ヴェルダイアー、ヴィルフェルム

Heinrich Wilhelm Gottfried von Waldeyer：1836～1921年。ドイツの解剖学者。彼は、ブレスラウ大学(現在のヴロツワフ大学)、ストラスブール大学を経て、1883年にベルリン大学の教授と解剖学研究所の所長となり、33年以上もの間、その職にとどまった。また、ニューロン、染色体という言葉を医学用語として定めた。

フォン・ノイマン、ジョン

John von Neumann：1903～1957年。ハンガリー生まれの数学者。集合論や順番を表す順序数の定義など、純粋数学で大きな功績を残している。それだけでなく、量子論、コンピュータ科学、ゲーム理論など幅広い分野に大きく貢献。アメリカに旅行した1930年にプリンストン大学の非常勤講師となり、1933年にはプリンストン高等研究所の数学部の最初の教授の1人となった。第二次世界大戦中は、いろいろな軍の機関の顧問となり、マンハッタン計画にも参加。爆縮法によって爆発するプルトニウム爆弾の設計を担当した。そして、初期のコンピュータであるEDVACの開発の議論にも参加。その内容を整理するために『EDVAC草

稿』を執筆した。EDVAC 草稿には、コンピュータ内のメモリにプログラムを保存して、コンピュータを制御するアイデアをはじめ、二進法の使用、演算、制御、入出力といった基本的な構成など、現在のコンピュータにも受け継がれている考え方がたくさんある。そのため、現在のコンピュータを「ノイマン型」と呼ぶことがあるが、コンピュータそのものをフォン・ノイマンが発明したわけではない。

数学や物理の分野での貢献としては、量子力学の数学的な基盤を確立したほか、統計力学の基礎づけ、フォン・ノイマン環の発見と作用素環論の創始、など現在も活発に研究されている分野の出発点となるような研究が多数ある。

フォン・フンボルト、カール・ヴィルヘルム

Friedrich Wilhelm Christian Karl Ferdinand Freiherr von Humboldt：1767～1835年。ドイツの言語学者、政治家。1810年にプロイセン王国にベルリン大学を設立した中心人物。彼は、「ベルリン高等学問施設の内的及び外的組織の理念」という文書を残し、ドイツだけでなく、日本の大学像に影響を与えた。ベルリン大学は、第二次世界大戦後、東ドイツの支配下で、フンボルト大学と改称され、ドイツが再統一された後、フンボルト大学ベルリンという名称になった。

フォン・ラウエ、マックス

Max Theodor Felix von Laue：1879～1960年。ドイツの物理学者。規則正しく並んだ結晶に波長の短いX線を照射すると、写真乾板に規則正しい斑点（ラウエ斑点）ができる回折像を得た。ラウエは、こ

の発見からわずか2週間で、結晶によるX線回折の理論をまとめ、発表した。この発見により、1914年にノーベル物理学賞を受賞した。

プランク、マックス

Max Karl Ernst Ludwig Planck：1858～1947年。ドイツの理論物理学者。19世紀後半は、多くの物理学者が、溶鉱炉の中で溶かされている鉄の温度測定に関する研究をしていたが、温度が変化することによって色が変わる原理を説明することができなかった。当時、光は波のような性質をもち、エネルギーは連続的に変化すると考えられていた。しかし、プランクはその考えを改め、「光のエネルギーはこれ以上分割することのできない最小の単位がある」とし、その単位量を「量子」と名づけ、1900年に量子仮説を発表した。アインシュタインが1905年に光電効果の論文を発表したことなども受け、1911年にヨーロッパの物理学者が集ったソルベイ会議で、量子仮説の重要性が認められ、プランクは1918年にノーベル物理学賞を受賞した。彼の提唱した量子仮説は、その後、量子論として発展し、アインシュタインの相対性理論とともに、現代物理学の基礎をなしている。

プリニウス、セクンドゥス・ガイウス

Gaius Plinius Secundus：23～79年。古代ローマの博物学者。天文、地理、動植物の生態、絵画、彫刻など、世の中のあらゆるものを網羅した百科全書的な大著『博物誌』を記す。彼の著作は102あるといわれているが、現存するのは『博物誌』のみ。ヨーロッパでは、『博物誌』は古典中の古典として知られており、さまざまな時代の

人たちに大きな影響を与えている。

フレクスナー、サイモン

Simon Flexner：1863～1946年。アメリカの病理学者。本書の著者の1人であるエイブラハム・フレクスナーの兄の1人。ジョンズ・ホプキンス大学准教授、ペンシルベニア大学教授などを経て、ロックフェラー大学の前身であるロックフェラー医学研究所の初代所長に就任。髄膜炎菌性髄膜炎の抗血清療法を開発した。また、日本からやって来た細菌学者の野口英世と共同研究をしている。

フレクスナー、バーナード

Bernard Flexner：1865～1945年。アメリカの弁護士、慈善家、シオニストの指導者。アメリカの少年裁判所運動の初期の支援者で、1919年に開催されたパリ講和会議ではシオニスト代表団の顧問を務めた。本書の著者の1人であるエイブラハム・フレクスナーの兄の1人。

ベーコン、フランシス

Francis Bacon：1561～1626年。イギリスの哲学者。実際の経験や実験、観測などで得られた知識を重視し、具体的な事実から一般的な法則や普遍的な事実を導き出そうとする帰納法を提案。経験論哲学の先駆者と呼ばれる。彼の思想は、同時代の科学者ウィリアム・ハーヴィにも大きな影響を与え、近代科学の基礎をつくった。

ヘール、ジョージ

George Ellery Hale：1868～1938年。アメリカの天文学者。1889年に、太陽の写真を撮影するためのスペクトロヘリオグラフ（単色太陽分光写真儀）を発明。1892年には、太陽の光球部分を隠して、プロミネンス（太陽の紅炎）の写真を撮影することに成功した。シカゴ大学のヤーキス天文台、カリフォルニア州のロサンゼルス郊外にあるウィルソン山天文台の建設を主導した。1904年にウィルソン山天文台が完成すると、初代台長となり、太陽黒点に磁場があることを発見した。1935年にカリフォルニア州のパロマー山に新しい天文台の建設に着手したが、その3年後に死去した。この天文台は、1948年に完成し、パロマー天文台と名づけられた。

ヘルツ、ハインリッヒ

Heinrich Rudolf Hertz：1857～1894年。ドイツの物理学者。マクスウェルの方程式によって、存在が予言されていた電磁波を、1888年に実験によって証明した。

ボーア、ニールス

Niels Henrik David Bohr：1885～1962年。デンマーク生まれの理論物理学者で、量子論の黎明期を支えた研究者の1人。量子論は1900年にプランクが量子仮説を提案することで幕を開けた。量子仮説は、光が波だけでなく、粒子の性質も併せもつことを示すもので、これまでの物理学では解き明かすことのできなかった問題を解決する糸口となった。ボーアは当時、ラザフォードが提唱していた原子

モデルに、量子仮説の考え方を組み合わせることで、新しい原子モデルを提案。現在の量子論の礎を築いていった。これらの業績に対し、1922年にノーベル物理学賞が贈られた。

©Interfoto/アフロ

ホイーラー、ジョン

John Archibald Wheeler：1911〜2008年。ボーアのもとで原子核の研究に取り組むことから、研究者人生をスタートさせた。その後、相対性理論、量子重力理論など、幅広い分野で成果を上げている。オッペンハイマーとブラックホールが存在するかどうかという論争を繰り広げたことでも有名だ。ホイーラーは、当初、ブラックホール否定派だったが、途中から熱烈な支持者に転向し、重い恒星が超新星爆発を起こし、中性子星やブラックホールになる星の進化についての理論に大きな貢献をした。ブラックホールの名づけ親と言われている。

ポーター、ジョージ

George Porter：1920〜2002年。イギリスの化学者。ケンブリッジ大学で物理化学者のロナルド・ノーリッシュのもとで、強いパルス光によって瞬間的に起こる超高速化学反応に関する研究をおこない、1967年にノーリッシュとともにノーベル化学賞を受賞した。後年、「研究には応用研究とまだ応用されていない研究の2種類がある」と言った。まだ応用されていない研究とは基礎研究のこと。応用研究は基礎研究から芽が出てくる。ポーターは、「大学はまだ応用されていない研究を地道におこなう役割がある」と考えていた。

マイノット、ジョージ・リチャーズ

George Richards Minot：1885 〜 1950 年。アメリカの病理学者。ウィップルの項参照。アメリカの病理学者ウィリアム・マーフィーとも共同研究をおこなっており、1934 年のノーベル生理学・医学賞は、ウィップル、マイノットとともにマーフィーも受賞している。

マクスウェル、ジェームズ・クラーク

James Clerk Maxwell：1831 〜 1879 年。イギリスの理論物理学者。ファラデーの電磁誘導に関する研究の成果を数学の言葉で表し、さらに電気と磁気のさまざまな関係式を導き出して電磁気現象をまとめて説明することに成功。自身が導き出した関係式から、電場と磁場の変動が波動となって伝わる電磁波の存在を予言。電磁波の速さを計算から求め、それが光の速さに一致することから、光が電磁波であることも予言した。これらの予言は彼の死後に証明され、電波の発見にもつながっていった。

マルコーニ、グリエルモ

Guglielmo Marconi：1874 〜 1937 年。イタリア生まれの発明家。イタリア人の実業家の父と、アイルランド人の母の間に生まれ、公的な教育は受けずに、家庭教師による教育を受けて育った。20 歳の時に、ドイツの理論物理学者ヘルツの論文を読んだことで、電波に興味をもった。そこで、大学へ聴講に行き物理学の知識を学び、父親から資金を出してもらって、無線通信の実験に取り組んだ。1895 年に、高さ 8m のアンテナを用いて、2.4km 離れた場所とのモールス信号

の通信に成功し、翌1896年にイギリスで無線通信機の特許を取得。1897年にマルコーニ無線通信会社を設立した。1899年にドーバー海峡を越え、イギリスとフランス間での無線通信を、1901年にイギリスから大西洋を隔てたカナダのニューファンドランド島との通信をそれぞれ成功させた。その他にも、無線通信に関する発明をたくさんおこない、1909年には「無線通信の開発に対する貢献」により、ノーベル物理学賞を受賞した。

ミトラニー、デイヴィッド

David Mitrany：1888～1975年。ルーマニア出身の政治学者、歴史学者。国際組織論とルーマニア近代史が専門。国際的な問題の解決を包括的な組織でおこなうのではなく、1つ1つの問題について、それぞれ個別の国際組織を通して各国が協力していくことで、合意しやすい国際的なネットワークを広げていくことで国際平和を実現していくという国際関係の機能主義を提唱した。

ミリカン、ロバート・アンドリュース

Robert Andrews Millikan：1868～1953年。アメリカの物理学者。帯電した油の粒子（油滴）を電極版の間に吹きこみ、落下速度からそれぞれの油滴の電荷量を測定した。この実験で、それぞれの油滴の電荷量は、ある値の整数倍になることがわかった。この結果から、電子が粒子であることが実験的に示され、電子1つ分の電荷が計算された。さらに、1912年から1914年にかけて、真空中に置かれた金属ナトリウムに光を当てたときに放出される電子のエネルギーを測定し、アインシュタインの光電効果を検証する実験をおこなった。この実験によって、量子力学の基本定数の1つであるプランク定数

の値をより正確に求めた。これらの功績により、1923年にノーベル物理学賞を受賞した。

メリット、ベンジャミン・ディーン

Benjamin Dean Meritt：1899〜1989年。古代ギリシャを専門とするアメリカの人文学者、伝記作家。プリンストン高等研究所が1935年に人文科学部門（現在の歴史学部門）を創設したときに選出された教授陣の1人。

©MFO

モース、マーストン

Harold Calvin Marston Morse：1892〜1977年。アメリカの数学者。図形や空間の形を調べるときに有効なモース理論を生みだした。

モーレー、チャールズ・ルーファス

Charles Rufus Morey：1877〜1955年。中世美術を専門とするアメリカの美術史家。

ライプニッツ、ゴットフリート・ヴィルヘルム

Gottfried Wilhelm Leibniz：1646〜1716年。ドイツの哲学者、数学者、政治家。森羅万象の要素として「モナド」というものを考え、「お互いに独立しているモナドでできている宇宙で秩序が保たれているのは、神によってあらかじめ設定されるから」という予定調和論を提示した。また、1675年に数学の微積分法を発明。同時期にニュートンも微積分法を発明したため、論争に発展した。

ラザフォード、アーネスト

Ernest Rutherford：1871～1937年。ニュージーランド生まれの物理学者。イギリスのキャヴェンディッシュ研究所の研究員となった1890年代末期は、放射線物理学の幕が切って落とされた時期。ラザフォードも、放射線の研究に乗りだし、ウランやウラン化合物から放出される放射線が2種類あることを発見し、アルファ線とベータ線と名づけた。また、放射性トリウムの研究から、正体不明の物質を発見した。この現象の研究を続けることで、元素が放射線を放出しながら別の元素へと変化していく放射性崩壊を発見。元素が半分になる期間は、元素の種類ごとに異なる半減期という概念をつくった。これらの功績により1908年にノーベル化学賞を受賞した。アルファ線の正体がヘリウム原子核であることを突きとめ、ノーベル化学賞の受賞講演でそのことを発表した。さらに、アルファ線を金箔に衝突させる実験を通して、プラスの電荷をもった核が原子の中心に位置するという新しい原子構造モデルを提案し、原子物理学の発展に大きく貢献した。

リーフラー、ワインフィールド・W

Winfield W. Riefler：1897～1974年。アメリカの経済学者、統計学者。1935～1948年にプリンストン高等研究所政治経済部門の教授を務めた。

ルメートル、ジョルジュ

Georges Henri Joseph Édouard Lemaître：1894～1966年。ベルギーの天文学者、カトリック司祭。カトリック司祭であったことから、宇宙の始まりに興味をもち、1927年に宇宙膨張則を提案し、膨張

率の推定値も示していた。1929年に、アメリカの天文学者エドウィン・ハッブルも同様の法則を発表。ルメートルが論文を発表したのがフランス語のマイナーな雑誌だったために、ハッブルの理論だけが注目を集め、ハッブルの法則として広く知られるようになったが、2018年8月の国際天文学連合会総会で、ルメートルの功績も讃え、ハッブル－ルメートルの法則と呼ぶことが推奨されるようになった。

©Science & Society Picture Library/アフロ

レイリー卿（第4代）

Robert John Strutt：1875～1947年。イギリスの物理学者ロバート・ジョン・ストラット。第3代レイリー卿である物理学者ジョン・ウィリアム・ストラットの長男。放電や放射能に関する研究成果により、29歳の若さで王立協会の フェローに選出された。また、岩石の中に微量のラジウムが含まれていることを発見し、放射性元素の崩壊が地球内部の熱に大きく寄与していることに気がついた。この発見が、放射性元素によって地球の年齢を決定する方法へとつながっていった。第3代レイリー卿は、音響学、光学、色彩学、電磁気学、流体力学など、さまざまな分野でたくさんの業績を残しており、1904年にノーベル物理学賞を受賞した。単にレイリー卿と表現する場合は、第3代レイリー卿を指す場合が多い。

レヴィ＝チヴィタ、トゥーリオ

Tullio Levi-Civita：1873～1941年。イタリアの数学者。イタリアの数学者グレゴリオ・リッチ＝クルバストロとともに、歪んだ時空であるリーマン空間で展開されるテンソル解析学を確立した。

ロウ、エリアス・エイブリー

Elias Avery Lowe：1879 〜 1939 年。リトアニア生まれの古文書学者。1936 年からプリンストン高等研究所の教授を務めた。

ロンドン、フリッツ

Fritz Wolfgang London: 1900 〜 1954 年。ドイツ生まれの物理学者。ロンドンはもともとミュンヘン大学で哲学を専攻していたが、その後、大きな進歩を遂げていた物理学に転向。マックス・ボルン、アルノルト・ゾンマーフェルト、エルヴィン・シュレーディンガーといった著名な物理学者の下で研究をおこなった。1927 年に、ドイツの物理学者ヴァルター・ハイトラーと水素分子の結合について検討し、化学結合が本質的に量子力学的な現象であることを示し、量子化学という新しい分野を切り開いた。さらに、低温物理学分野の研究にも大きな影響を与えた。ナチス政権の出現により、ロンドンはドイツを離れざるを得なくなり、イギリス、フランスを経て 1939 年にアメリカへ渡り、デューク大学の教授となった。

©MFO

ワイル、ヘルマン

Hermann Klaus Hugo Weyl：1885 〜 1955 年。ドイツ生まれの数学者、物理学者、哲学者。空間、時間、物質、対称性、哲学など、さまざまな分野を横断的に思索し、たくさんの論文や著作を残している。群の表現論、リーマン面の理論といった純粋数学だけでなく、量子力学、相対性理論などの理論物理学の分野でも大きな業績を残している。一般相対性理論と電磁気学の統一を試みたことでも有名。

「役に立たない」科学が役に立つ

2020年7月28日　初　版
2024年9月30日　第6刷

［検印廃止］

著者　エイブラハム・フレクスナー、
　　　ロベルト・ダイクラーフ

監訳者　初田哲男

訳者　野中香方子、西村美佐子

企画　理化学研究所数理創造プログラム

企画協力　荒船良孝

発行所　一般財団法人 東京大学出版会
代表者 吉見俊哉
153-0041 東京都目黒区駒場4-5-29
https://www.utp.or.jp
電話 03-6407-1069　FAX 03-6407-1991
振替 00160-6-59964

組版　有限会社プログレス

印刷所　株式会社ヒライ

製本所　牧製本印刷株式会社

ISBN978-4-13-063375-8